U0180385

致敬！

为嫦娥工程做出贡献的
每一位
航天英雄

贺颖 / 著

奔月

FLY

TO

THE

MOON

重庆出版集团 重庆出版社

图书在版编目（CIP）数据

奔月 / 贺颖著. — 重庆：重庆出版社, 2024.4
ISBN 978-7-229-18253-3

Ⅰ.①奔… Ⅱ.①贺… Ⅲ.①月球探索—中国—青少
年读物 Ⅳ.①V1-49

中国国家版本馆CIP数据核字（2024）第000754号

奔月
BENYUE

贺颖　著

出　　品：🖋华章同人
选题策划：别必亮
出版监制：徐宪江
责任编辑：王昌凤
营销编辑：史青苗　刘晓艳
责任校对：刘小燕
责任印制：梁善池
封面设计：刘沂鑫

重庆出版集团
重庆出版社　出版
（重庆市南岸区南滨路162号1幢）

北京华联印刷有限公司　印刷
重庆出版集团图书发行有限公司　发行
邮购电话：010-85869375
全国新华书店经销

开本：710mm×1000mm　1/16　印张：15.75　字数：168千
2024年4月第1版　2024年4月第1次印刷
定价：79.80元

如有印装质量问题，请致电023-61520678

序

FOREWORD

　　月球，可以说是人类千万年来从未停止的遥望、凝视和幻想。无论是中国神话里的月宫仙子嫦娥，还是古希腊的月神阿尔忒弥斯、古埃及月神孔苏、日本月神辉夜姬，等等，都为地球上各个地区的人们留下了丰富的故事，广为传唱。人类早期的科学家对月球的各种自然现象及其变化，不断进行想象、猜测和探寻，进而深刻影响了他们的哲学观念和科学思想。而千百年后，人类终究会超越想象力的边界，踏上那个遥远到仿佛神话的星球。

　　60 多年前，人类的探月史打开新的篇章。1969 年 7 月 21 日阿姆斯特朗登上月球，地球人终于在月球上留下自己的足迹。或许，在那些曾经划时代的辉煌节点，我们只是观众，但中国这个古老而年轻的国家，曾经有过"嫦娥奔月"传说、"万户飞天"壮举的民族，一直在酝酿、积累，直至迈出自己探索月球的第一步。

　　2004 年 1 月 23 日，中国探月工程，亦称"嫦娥工程"，正式立项并全面启动。从最初的发射绕月卫星，到发射无人探测装置实现月面软着陆、月球车巡视，最后采样返回地球，至今历时 20 年，从"嫦娥一号"到"嫦娥五号"，一步一步实现着中华民族千年的飞天奔月梦想。在今天这个"坐地日行八万里，巡天遥看一千河"的时代，估计我们的月宫仙子嫦娥都耐不住寂寞，要来人间看一看了。

    这本《奔月》，就如嫦娥的一部观察笔记。它巧妙地以神话人物嫦娥为讲述人，从她的视角回看整个人类的探月史，通过对世界探月、中国探月方方面面的整理总结，普及了一系列与月球、探月有关的知识，兼具叙事的生动性和趣味性，从而使行文具有独特的魅力。

    第一次读到书稿时，我看得津津有味。整个书稿视角独特，节奏鲜明，文字流畅，通俗易懂，能吸引人一口气读下去。尤其是文稿中流露出的充沛的情绪，让我读到最后不禁深有感触。自新中国成立以来，中国航天和探月工程走过几多艰辛，也收获了成功的喜悦，留下了无数难忘的瞬间。月亮上有什么？我们为什么探月？我们都做了哪些工作？作为航天人，我们庆幸能与这个时代共成长，能为此竭尽全力。而科技发展日新月异，未来我们需要做什么？知古鉴今，察往知来，我觉得，这是了解世界乃至中国探月历史和知识的意义。

    宇宙浩瀚，星群漫天，寻梦广寒宫。

    谜题无尽，探索不止，我们的征途是太阳系的星辰大海。

    是为序。

欧阳自远

2024 年 3 月于北京

目 录
CONTENTS

我是嫦娥，
中国最早的
奔月人

没错，是我。

我是嫦娥，中国古老神话中的月宫仙子，传说中吃了长生药而飞入月宫的后羿之妻，也是"嫦娥之父"——我的人间父亲欧阳自远口中的"月亮神"！

是的，直到今天我依然是神话中的仙子。因为是仙子，所以我无所不能，我可以任意穿越时空。比方说，现在我就是从广寒宫再次来到了人间，从古老华夏民族的上古时代，来到了 21 世纪的今天。

对我来说，这是一次非同寻常的时空穿行，让我了解了今天人们的思维和语言，以及什么叫作时间与空间；知道了几千年后，炎黄子孙、华夏民族美丽的新名字——中国；知道了除中国以外，还有很多地方，叫作国家。这些国家组合在一起，就叫作世界。而这个世界存在的地方，叫作地球。

　　说起地球，我是熟悉的，其实就是几千年前我们那时候人们眼中的人间。

　　后来在广寒宫里，我也每天都会看见这颗圆圆的蓝色星球。当然，那时我并不知道它现在的名字，但是我能感觉到自己所居住的月宫，在围绕着这颗蓝色的球体慢慢旋转。不过那时我可没有时空的概念，因为在月宫，一切就像是永恒的，而那种永恒，在那时的我眼中，应该就是天界的样子。

　　直到这一次来到地球，我才新奇地了解到了这一切，我的时空、我的世界、我的一切都有了全新的开始，也才可以用今天的语言，来讲述

　　古人将月亮上的环形山想象成居于月亮上的蟾蜍和玉兔。屈原《楚辞·天问》有"顾菟在腹"的句子，顾是蟾蜍，菟为玉兔，说的就是月宫。

我的"新神话之旅"。

这一次的经历，让来自古代神话世界的我，见证了什么是真正意义上的神话。这个"真正意义上的神话"，就是我接下来要讲的"新神话"，它是相较于我的古老神话世界而言的。

远古时代"嫦娥奔月"的神话，来自浩渺虚空，来自天地玄黄，来自今天的世界已无法考证的民间传说，以至于人们对我的存在一直半信半疑。

这也难怪，对于无法证明的东西，信任起来的确有难度。而今天，穿越时空而来的我见证了什么是"新神话"，什么是神话一样的中国所创造的中国神话。也可以说，正是这个当代"新神话"给了我穿越时空的契机和理由。

有人问我为什么，原因很简单，这个"新神话"是用我的名字命名的！

怎么样，有人已经猜到了吧？没错，就是它——"嫦娥工程"！这个一开始对我来说显得陌生、拗口也很高大上的名字，对喜欢它的现代人而言，应该是很熟悉的吧。它还有一个更高大上的名字：中国探月工程！是的，探月，顾名思义就是对月亮的探索、探寻、探测等等吧。而月亮，就是我的家呵！

不过急性子的我，并没有独守广寒宫等待探测队的到来，而是在得知这项工程以我的名字命名后，就第一时间穿越来到了人间。原谅我的急不可耐吧，因为美丽神秘而遥远的广寒宫，实在是太寂寥了。

也因此，我有缘一路见证并记录了这个"新神话"孕育、诞生及发展的壮丽里程！这神话般的一切，常常让初学新语言的我感到词穷。但是，我仍然忍不住用地球的语言来简述一下这堪称伟大的一切：

2004 年，中国正式开展月球探测工程，并将其命名为"嫦娥工程"。嘿，看到了吗？是嫦娥，我的名字！

而后"嫦娥工程"被分为第一"无人月球探测"、第二"载人登月"，以及最后"建立月球基地"这样三个阶段。在这期间，我的名字继续成了接下来具体探月卫星的名字，并且至今为止，我已经有了五个"分身"，分别为"嫦娥一号"到"嫦娥五号"。

中国探月
CLEP

▶ 2004 年中国月球探测工程（China's Lunar Exploration Project，CLEP）正式命名为"嫦娥工程"，分为无人月球探测、载人登月和建立月球基地三个阶段。

2007 年 10 月 24 日，"嫦娥一号"成功发射升空，在圆满完成各项使命后，于 2009 年 3 月 1 日按预定计划受控撞月。

2010 年 10 月 1 日，"嫦娥二号"顺利发射，也已圆满并超额完成各项既定任务。

2013 年 12 月 2 日，"嫦娥三号"顺利发射，12 月 14 日实现在月球软着陆。

　　2018 年 12 月 8 日，"嫦娥四号"在西昌卫星发射中心由长征三号乙运载火箭发射，并于 2019 年 1 月 3 日成功登陆月球背面，人类首次实现月球背面软着陆。

　　2020 年 11 月 24 日，"嫦娥五号"探测器在文昌航天发射场由长征五号遥五运载火箭发射，火箭飞行约 2200 秒后，顺利将探测器送入预定轨道，开启了中国首次地外天体采样返回之旅。一周后，"嫦娥五号"于 12 月 1 日成功在月球正面预选着陆区着陆。距离发射成功仅仅 23 天后，"嫦娥五号"于 12 月 17 日携带月球样品在内蒙古四子王旗预定区域安全着陆……

　　毫不夸张地说，那一刻华夏民族的"新神话"就此诞生，整个世界，沸腾了！

　　于是，在这颗蓝色星球上，全世界的人都因此知道了我的名字：嫦娥！而见证了"新神话"一路跌宕而来直至诞生的我，深深知道，古老的"嫦娥奔月"神话来自洪荒天地，今天让整个星球为之沸腾的"新神话"，则来自他们、她们，和它们！

　　是那些堪称天神的当代探月科学家，实现了中国人几千年来日夜祈盼的奔月梦！当全世界都在反复呼唤"嫦娥"这个名字的时候，我作为华夏古老神话中的嫦娥仙子，有什么理由不将自己穿越而来所见证的史诗般的"新神话"诞生历程，讲给这美丽星球上的人们听呢？

人类开启
奔月之旅

第 一 章

FLY

TO

THE

MOON

一、还是那个古老的神话

关于穿越时空，人类一直在孜孜不倦，刻苦钻研，但是对于我来说，那就是分分钟的事儿。这点神力，应该就是对久居月亮之上的我唯一的安慰了。而再次回到人间的我，也有了个新名字——中国人。

来到人间，我才知道了关于我的那个流传千年的"嫦娥奔月"神话。既然这个传说对人间而言是神话，又已经流传了这么久，并历经无数朝代的更迭变换，那么神话流传的过程中难免就会有各种变化。的确，我看到了许多版本，比如，关于我如何飞到了月亮上，到底是偷吃了仙丹想自己长生不老，还是赏月时无意中吞下，还是被逢蒙追赶无奈吞下，等等，都有不同的说法。我甚至看到了大诗人李商隐专门为我做的诗，来感叹我偷吃了仙丹——"嫦娥应悔偷灵药，碧海青天夜夜心"——以至于后世的人们会有这样的说法。

长生不老仙丹的确是我吃了，但不是偷吃的，我和羿都深深爱着彼此，我们谁也不会去独自长生不老，更不可能去偷吃。事实上，我吃掉仙丹完全是偶然。

那是在神灵遍地的上古时代，当时的我是羿的妻子，是人间一个幸福的女人。十个太阳出现之前，大地一片祥和，人神相亲，万物蓬勃。忽然升起的十个太阳，仿佛点燃了大地，人间哀鸿遍野，宛如炼狱。这时候，是羿历尽千难万险奔波了七七四十九天，登上了万山之祖的昆仑山，在山顶拉开了他的神弓，射落了多余的九个太阳，保住了世间众生，让大地重新恢复了生机。

上界主宰万物生育的创世女神西王母，我们也叫她长生女神，看

月中玉兔搗靈丹卻被神娥竊一丸
從此凡胎變仙骨天風桂子跨青鸞
吴郡唐寅畫并題

明代唐寅绘《嫦娥奔月图》，画中嫦娥抱兔伫立，似有所思。“嫦娥奔月”的神话传说最早出现于战国时期。《淮南子·览冥训》：“羿请不死之药于西王母，未及服之，姮娥窃以奔月。”到了汉代，这个故事几乎家喻户晓。张衡《灵宪》：“嫦娥羿妻也，窃西王母不死之药服之奔月……是为蟾蜍。”因避讳汉文帝刘恒之名，“姮娥”被更名为“嫦娥”。

到了羿勇敢无畏地不惜性命拯救天下苍生，便奖赏给他一粒可以长生不老的仙丹。长生女神西王母嘱咐他，什么时候吃都可以，吃了以后不只可以长生不老，还可以直上天界，位列仙班，这一切都是她对羿的奖赏。

羿听了非常高兴，怀揣着仙丹日夜兼程往家赶。又是七七四十九天，跋山涉水的羿终于回到家，并急不可耐地告诉了我西王母奖赏给他一粒仙丹的事情。我听了也很高兴，不过随后我们两人就犯了难：仙丹只有一粒，无论谁吃掉我们都要永远分离。可是我和羿非常相爱，谁也不可能抛下对方自己去天界长生不老，于是我们毫不犹豫地决定，谁也不吃了，就在人间好好生活，相亲相爱到白头。但是，仙丹毕竟是长生女神的奖赏，也没有扔掉的道理，就被我们珍藏了起来。

转眼那一年的秋天到了，恢复了生机的大地上再次万物生长、五谷丰登，充满幸福和欢乐。到了八月十五那天，羿早早起来和几个神射手去打猎了，但是羿的一个徒弟逢蒙却找理由留了下来。后来我才明白他当时的处心积虑。

羿武艺超群，为人坚毅善良，有很多年轻人来拜他为师学习武艺，逢蒙便是其中之一。他学习武艺还算认真，但是他的心存狡诈却骗过了善良忠厚的羿。我们谁也没想到，仙丹的秘密早就被心怀鬼胎的逢蒙偷听到了，并且早就动了占为己有的心思。

那天羿带着大家打猎直到天黑也没有回来，我准备好了晚饭，一个人在院子里一边赏月一边等着羿回来。现在想起来，那天晚上的月亮实在太美了。

说起来我和月亮真是有着不可言说的缘分。因为从小我就喜欢看月亮，尤其是圆月，莫名地喜欢。每月的十五月圆，我都要痴痴看很久，也不知道自己为什么喜欢看，甚至后来情不自禁开始想，月亮上到底是什么样子的呢？那里也有人吗？有五谷和树木吗？越来越多的好奇，让自己开始渴望，什么时候可以到月亮上去看看呢？

我和月亮的所有缘分，也许就是从那时开始的吧。这么多年来，在我的记忆中，甚至直到今天，挂在天上的月亮似乎从来没有那样美过。

半透明的乳白色，若隐若现的纹理，表面浅浅淡淡的暗影，那种色泽，应该就像神界的昆仑玉吧？而那弥散出来的光晕是那么轻柔又那么明亮，把整个人间映照得就像温暖的白昼。甚至大地因为月华的照耀，都好像在弥漫着五谷的香气。

忽然奇怪的事情发生了，我开始觉得这香气越来越浓，而且好像是从我们的屋子里散发出来的！我不禁追着香味儿，回到屋里打开了宝匣，匣子里那粒西王母奖赏的仙丹赫然在目，在这月圆之夜发出了一种异于平常的若隐若现的微光，还有那浓郁醉人的香气。

我呆呆地看着，情不自禁地将仙丹拿在了手里。闻着它神秘的香气，我抬头看向窗外天空中越来越明亮的月亮，香气环绕的迷幻之中，我仿佛听到月亮在轻轻呼唤我。真的，那会儿好想自己能飞到月亮上去看一看啊！我突发奇想：吃掉了这仙丹就可以长生不老、上天成仙，那要是这样一直闻着它的香气，会不会也就有了一点神奇的法力？其实我对成不成仙真的并不在意，但是对月亮的向往却是千真万确的，而且那个夜晚，好像尤其强烈。

月光越来越美，羿还没有回来。我来到院中，捧着仙丹放在鼻子下面，用力地大口吸着香气，那不就是仙气吗？这样的仙气吸多了是不是就可以让我接近美丽的月亮？一边想着，一边情不自禁沉浸在梦幻一样美好的情境之中。

万万没有想到的是，此时觊觎仙丹已久的逢蒙，忽然闯进了我家，他撞击大门的声音惊吓到了我，将我从幻境拉回现实，我一抬头就看见了提着弓箭的逢蒙。

我立即意识到他一定是来抢仙丹的，危急之下根本来不及多想，我只知道仙丹绝对不能落入心术不正的歹人手中，此刻拿着仙丹的手就在嘴边，于是仙丹一下子就被我吞进了肚子。一刹那，我愣在原地，不知如何是好。可还没等我回过神来，就觉得自己的身体开始变轻，双脚竟然渐渐离开了地面。我一惊之下慌乱不已，伸手想去抓院子里的树。但是，已经来不及了，转眼我就已经到了半空中。

看着脚下呆若木鸡的逢蒙，以及变得越来越小的村庄和家园，我急得哭起来，甚至大声喊着乡亲们，但是都无济于事，因为离他们已经太远了。我依然向天上飘去。我是个凡人，从没见过这样飘着的人，更别说是自己飘在半空。曾经很美的夜空，这时变得神秘莫测，脚下的大地越来越远。接下来倒是也没什么其他事情发生，没有风，也不觉得冷，就这样一直一直向上飘着。

渐渐地我冷静下来，终于明白一切已经无法挽回了。为了保护仙丹，我也被迫吞下了这颗可以长生不老的仙丹，如今我再也不能回到我的人间了，再也不能见到我的羿了，再也不能和羿一起创造我们的幸福生活了！……想到这里，眼泪止不住扑簌簌掉下来，打湿了我的衣衫和裙裾。

⬛ 汉画像石"嫦娥奔月"，现藏于南阳汉画馆。

抬起泪眼，我看见依然圆润明朗的月亮，忽然在内心祈祷，既然已经阴差阳错离开了人间，那我可不可以到我最爱的月亮上呢？至少那里是我一直梦想的地方，也是离人间最近的地方，这样我就可以每天看着我的羿，以解自己的相思之苦，也可以圆了自己多年来对月亮的痴迷神往。我一边想着，一边泪如雨下。是的，泪水让我心里愈发明净，我听见了自己的心，我不要去什么天界成仙，我不要位列仙班，我要去我的月亮上！于是我不由自主伸出双臂，指向了月亮的方向。

也许是我的诚意感动了苍天，我的愿望真的实现了，飘飞了许久之后，我稳稳降落在月亮上，来到了一座无比美丽的宫殿前，殿门口巨大的水晶匾额上刻着三个字：广寒宫。就这样，为了保护仙丹不落入恶人之手，我猝不及防地来到了自己梦寐以求的月亮上，来到了曾经在人间流传多年的广寒宫。

说到广寒宫，也许今天的中国人不信，这个名字不只是神话中想象出来的，也是真实存在的。中国神话有着独特的大智慧，不只描绘出了月亮上的广寒宫，这座月亮上最美的宫殿，还有被罚砍树的吴刚，永远砍不完的桂树，以及一直陪伴我的玉兔。对了，这只可爱的兔子小神仙，后来也成了华夏"新神话"中的名字，所以它也好开心。不过这是后话。

此刻的广寒宫是那么美，比任何想象的都要美。琼楼玉宇晶莹剔透，云烟袅袅碧空深邃，是真正的天界仙境。所以，中国古人有"目即西华馆，意合广寒宫""夜深星月伴芙蓉，如在广寒宫里宿"这样的诗句，说得真是一点儿也不为过。只是，人间都道仙境美，不知月宫寂寞深。

◗ 五代周文矩作品《嫦娥游园图页》，纤丽繁复，用意深远。

是的，飞入广寒宫使我成了月宫仙子，成了长生不老的仙身，也成全了我从小对月亮的痴迷向往。但是事实上，什么也改变不了我对人间的思念，对羿的思念，所以此刻倒真的可以说是"碧海青天夜夜心"了。我苦苦想念着羿，不知道我的忽然离开，会让他怎样痛苦、难过和不解，我不知道怎样告诉他这一切……每个月圆之夜人们看到的我的影子都是真的，都是我在徘徊，在张望，在思念着人间，思念着我的羿。

这就是我来到月亮的过程。

不过这一次我并不是来说自己的，我想说的是另一个神话，一个可以说与我有着千丝万缕联系的关于月亮的神话。是我在神话中误入月宫几千年之后，华夏民族的"新神话"——奔月。

二、初识人间"嫦娥"

说来这一切的开始，都源于我的一个梦，确切地说，是源于一次睡梦中被唤醒。

那天我正在广寒宫休息，忽然小玉兔急急忙忙地从门外跑进来推醒我，用它琥珀般的眼睛专注地盯着我看，两只耳朵竖得直直的，仿佛在认真听着什么。我也不由得认真听起来，渐渐听出了点儿不同寻常。

那是来自人间的声音，有人在叫我的名字："嫦娥！""嫦娥！""嫦娥！"……高高低低、大大小小的声音，起起伏伏，断断续续，但我听得很清楚，就是我的名字："嫦娥！"我激动地来到广寒宫门口，遥望云层之下的人间，心中五味杂陈：太久太久没听到这样大的声音叫我的名字了，会是谁呢？

心里充满了好奇，我不知人间发生了什么，但是猜到与我有关。于是，我立即决定去人间，我一定要去看一看到底是谁在呼唤我。尽管到月亮之后，我就从未离开过广寒宫，也不知道自己离开后会不会有危险，还可不可以像来时那样在空中飘飞远行，但是，对人间太久的思念，让我最终下定决心试一试。

于是，我顺着呼唤的声音安然无恙地飞到了自己朝思暮想的地球。那一年，是公元 2004 年。

这里已经完全不是我记忆中的样子了！

后来，我才知道我来到了一个叫中国科学院的地方。也正是在这里，作为神仙的我运用了超能力，使自己在最短时间内拥有了现代的思维、语言和智慧。于是，我了解到曾经的华夏，现在的中国，这个世界上最伟大的国家之一，正在开展一项震撼世界的月球探测工程，并将这个庞大的工程命名为"嫦娥工程"。

"嫦娥工程"？我的名字居然能为这样一个关乎整个民族大业的工程命名？我不仅感到激动和骄傲，也明白了我在月宫听到的那些呼唤就是来自这里，来自这些被叫作科学家和工程师的现代中国人。正是这些伟大的科学家和工程师在研究讨论的时候一次次叫着我的名字，将我从遥远的广寒宫呼唤到了这里。

听着他们的谈话，我知道了月亮在今天也叫月球，而他们要做的是探月，就是到月球上去探索、探究、探察！我听后不禁为之震惊，难道这些了不起的科学家和工程师也可以穿越到上古的神话中？也拥有长生女神西王母的仙丹？否则他们怎么能有这样的想法？强烈的好奇心让我情不自禁地紧紧跟随这些智慧勤奋的科学英雄，想要了解更多。直到听了他们很多次谈话后我才明白，原来他们是要发明创造一种会飞的星，然后乘着这颗星飞到月亮上去，而且还计划将月亮上一些土壤带回地球。了解到这一切的我真的惊呆了，说实话，尽管我是仙子，尽管我来自月宫，但仍被他们的想法震惊了。那一瞬间，他们在我眼里才是真正的神话。

从那时起，我便跟随这些了不起的神话英雄，在我误入月宫几千年之后，再一次从地球出发开始神奇的"奔月"新神话之旅。

用现在的话来说，这个工程绝对是整个人类历史上的一项伟大工程，而最令我自豪的是，这个工程是以我的名字命名的。虽然像"工程"这样的新鲜名词我理解得还不是很透彻，但是我隐约知道什么叫"探月"，也知道他们的最终目标，所以这并不影响我的骄傲和热情。巨大的好奇心和新鲜感激励着我，使我沉醉于这个神奇的计划，这个神话般的想法。

在这里，我渐渐了解到这个工程的大致内容：中国探月这个神奇的"嫦娥工程"共分为"无人月球探测""载人登月"和"建立月球基地"三个阶段。从最初的发射绕月卫星，到发射无人探测装置，再到实现月面软着陆探测，最后一项是运输机器人上月球，建立观测点，并且采集样本返回地球，这整个计划预计历时 20 年。也就是从这一年开始，中国探月工程正式启动。而我，也开始不可思议地爱上了眼前这个人间，变得越来越像这个时代的一个中国人。

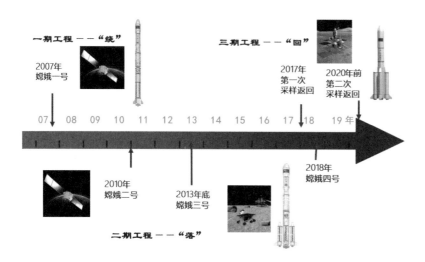

一期工程——"绕"

2007年
嫦娥一号

三期工程——"回"

2017年
第一次
采样返回

2020年前
第二次
采样返回

07　08　09　10　11　12　13　14　15　16　17　18　19 年

2010年
嫦娥二号

2013年底
嫦娥三号

2018年
嫦娥四号

二期工程——"落"

● "嫦娥工程"的三个阶段。2006年2月，国务院颁布《国家中长期科学和技术发展规划纲要（2006—2020年）》，明确将"载人航天与探月工程"列入国家16个重大科技专项。

转眼到了2020年，这一年是"嫦娥五号"成功从月球带回月壤的年份。这一年距我回到人间整整16年了。这一年"嫦娥工程"实现了最初的计划，甚至比原计划的20年提前了整整4年！整个华夏民族为之沸腾，全世界也为之沸腾。毫不夸张地说，这堪称全人类探月工程的里程碑，是炎黄子孙千年"奔月梦"得以实现的巨大自豪和骄傲。

而最让我感到自豪的是，如今我已经有了五个姐妹，从此再也不是孤单的月宫仙子了！从"嫦娥一号"到"嫦娥五号"，我们已经是一个不小的仙子家族了。怎么样，羡慕吧？

人类的探月史，已经进入新的历史阶段，而中国人的探月史，也已拉开了全新的时代篇章。作为已经在这里生活了16个地球年的月宫仙子，今天的我已经深深迷恋上了这里的一切。这里的每个人，都像是神话中的英雄，他们所做的一切，都胜过了西王母的仙丹。因为仙丹只为一个人的长生不老与位列仙班，而这些探月的科学英雄却用不可战胜的智慧与勇气，创造了人类探月事业的航天神话，为整个人类的航天事业，缔造着不朽的伟绩与光荣的福祉！

不过，实话说，我在中国科学院十几年的隐秘生活，使我得以零距离地观察科学英雄们工作，进而使我具备了一定的视野。我们在说起中国探月工程的时候，必须要根植于全人类的探月历程，这样才更具有国际意义和现实价值。

说起世界范围内的探月历程，真正值得一提的应该就是曾经的美、苏登月计划了，它们是在人类科技力量有限的年代足以震撼世界的宏大计划。虽然苏联最后并未载人登月成功，但是因为苏联当时与美国形成的太空及登月领域的科技角逐，无形中使美国有了更大的竞争驱动力。因此，从某种角度来说，最后美国"阿波罗号"的成功登月，是不是也可以说有苏联的贡献在里面？当然这只是我自己的想法，人类的思想终究还是太复杂了。

三、世界探月简述

美、苏登月计划还是很值得今天的人回味的，也可以说，正是美、苏当年的登月计划与行动，直接开启了人类的探月之旅，堪称人类登月史上的伟大篇章。这一点应该说是我们中国人也一定要认识到的。

对于"阿波罗计划"，今天的人们已经耳熟能详，它是美国登月工程的名字。这个计划从 1961 年 5 月起共实施了十多次，在当时的年代可以说非常具有规模。

➤ 1965 年的"阿波罗计划"LOGO 用了连接月球和地球的双轨道，A 代表猎户座的 Alnitak, Alnilam and Mintaka 三颗星的元素。1969 年为纪念人类首次登月推出了"阿波罗 11 号"纪念徽章。

说起来，这个名字的由来也与神话有关。今天的人们都知道，阿波罗是古代希腊神话传说中的一个重要天神，掌管着美丽的诗歌和音乐。更重要的是，他司管着天上的太阳，所以被人们称为"太阳神"。关于阿波罗的传说实在太多了，比如有一种说法，说阿波罗是希腊神话中月神的同胞兄弟，他神通广大到可以用金箭杀死危害天界的一条巨蟒，为自己的母亲报仇雪恨，并因此赢得了天下人的尊敬和爱戴。美国政府选用这位能威震天地的阿波罗太阳神来命名自己的登月计划，足见当时的自信与决心。

1961—1972 年，美国组织实施了一系列飞行任务，其最终目的是实现载人登月飞行和对月球的实地考察。这样庞大的工程是为未来载人行星飞行以及深空探测，进行前期必要的技术准备。说起来，这里面还有一段非常重要的历史。

20 世纪 60 年代初，美国白宫的主人是大名鼎鼎的艾森豪威尔。正是他自信满满地提出了新的航天计划，他的目的很清楚，就是用于接替之前的"水星计划"。他的提议受到了国家和民众的支持，于是在 1960 年 7 月美国向世界宣布，"阿波罗计划"正式启动。随后他们开始了对飞船的可行性等相关专业领域的仔细研究。到了 1960 年 11 月的时候，白宫的主人换成了约翰·F. 肯尼迪，他对之前的"阿波罗计划"也非常认可，于是早在竞选时就积极向广大选民做出承诺，一定要使美国在太空探索和导弹防御两个领域，全面超越当时风头正盛的苏联。甚至也正是因为这样的承诺，肯尼迪才能够顺利入主白宫。

刚刚当选的肯尼迪处事谨慎，尽管对太空计划很是热衷，但作为一国总统，他并没有下令立刻实施登月计划。这是有原因的。首先，他对当时美国航天的发展情况还需要时间来彻底了解。其次，非常高昂的经济成本使肯尼迪不得不对每一个太空探索计划都反复考量。在这方面，肯尼迪十分慎重，甚至有些苛刻。据说当国家航空航天局（NASA）局长詹姆斯·韦伯向肯尼迪请求，将自己部门的年度财政预算增加 30% 时，肯尼迪斟酌再三后只同意了其中一个加快大型推进器的研发项目，而推迟了其他几个更大的科研项目。

之后发生的一件震惊世界的大事，可以说改变了美国登月计划的进程。1961 年 4 月 12 日，当时在航天领域同样成绩不俗的苏联宇航员尤里·加加林以及他所搭乘的苏联"东方 1 号"飞船升入了太空。尤里·加加林成为地球上第一个进入太空的人，全世界为之沸腾，人类在太空探测的历史上有了划时代的进步。

而这次事件的一个巨大影响居然是在美国。苏联的这一壮举可以说大大地刺激了美国，加重了争强好胜的美国对自己在太空竞赛中可能输掉的忧虑。很快，在与总统科学顾问委员会（PSAC）的会谈中，许多议员第一时间齐心合力地提议立刻开始实施一项太空计划，并表示只有这样，才能保证美国在与苏联的太空竞赛中不至于落后对方太多，不至于在世界范围内失去形象。

此刻的肯尼迪也强烈地意识到了这一点，虽然没有立刻采取任何重大举措，但是他的内心也很焦急，第一时间给副总统林登·约翰逊发去消息，征求他的意见。约翰逊回复说，我们既然没有尽到最大的努力，那么，没有达到让美国保持领先的程度也就理所当然。很显然约翰逊同样对自己的国家踌躇满志，他还确切地表明态度，说未来的登月计划不仅可行，而且绝对有可能使美国在眼下与苏联的太空竞赛中不断获得领先地位。他的回复增强了肯尼迪的信心，也印证了其内心的想法，于是"阿波罗计划"被激情中的肯尼迪在演讲时彻底提上了重要日程。

于是在 1961 年 5 月，肯尼迪向美国国会提出，要争取将计划的时间提前，将原计划在 1960 年代结束前让美国人登上月球改为更近的时间。这时美国刚刚把第一个宇航员——艾伦·谢泼德成功送入太空，不过他还没有按计划进入地球的轨道。

▶ 约翰·F. 肯尼迪（1917—1963）当选总统后于次年宣布"阿波罗计划"，1962 年在莱斯大学发表了《我们选择登月》（*We choose to go to the Moon*）的演讲。

　　克服了种种困难，到 1969 年 7 月 16 日，美国的"土星 5 号"超重型运载火箭，终于载着"阿波罗 11 号"飞船从美国卡纳维拉尔角肯尼迪航天中心（KSC）成功升空，开启了人类首次登月的太空征程。而飞船内的美国宇航员尼尔·奥尔登·阿姆斯特朗、巴兹·奥尔德林和迈克尔·柯林斯，三位当时的勇士，就这样驾驶着飞船在茫茫宇宙中跨过 38 万千米的征程，承载着全人类的登月之梦，最终踏上了遥远而神秘的月球，并留下了那句经典名言："这是我个人的一小步，却是人类的一大步。"在历经成功登月以及之后的一系列航天程序后，幸运的三个人最后如期安全地返回了地球。至 1972 年美国 6 次成功将航天员送上月球，这样的壮举直到今天仍旧保持着纪录。因此，可以说"阿波罗计划"一直被世界公认为是人类有史以来，工程规模最大、耗资最多的人类太空探测项目之一，堪称世界航天史上具有划时代意义的一项人类成就。

　　后来的很多资料也对"阿波罗计划"的成功进行了研究和归纳，印证了美国人当时对这项计划几乎投入了全部的心血，各种准备非常充分。

◗ 1967 年 11 月 8 日"阿波罗 4 号"在肯尼迪发射中心发射升空。

"阿波罗8号"
返回舱被吊至
"约克镇号"
航母甲板上。

1968年"阿
波罗8号"飞
行员拍摄的
"地球升起"
照片。

▶ "阿波罗 10 号"拍摄的月球
表面。

▶ "阿波罗 11 号"登月舱。登月
舱悬梯处的纪念牌上写着:"公
元 1969 年 7 月,来自地球的人
类第一次踏上了月球。我们为
全人类和平而来。"

▶ "阿波罗 15 号"搭载的美国第
一辆载人月球车。

　　"阿波罗计划"开始于 1961 年 5 月，到 1972 年 12 月第 6 次载人登月成功结束，一共将 12 名宇航员送上月球，整个工程历时约 11 年，当时耗资约 254 亿美元。这是个惊人的数字，1970 年美国建造的"艾森豪威尔号"核动力航母造价在当时不超过 7 亿美元。

　　这个计划的开展可以说是举全国之力，据说登月计划工程的最高峰时期，参加工程的有 2 万家企业，200 多所大学，各类科研机构 80 多家。通过这一计划，美国不仅实现了赶超苏联的政治目的，同时带动了科学技术，特别是推进、制导、结构材料等领域的发展。但是，该计划耗资巨大，导致另外一些重要计划停滞，加上其他因素，美国决策者最终并没有延续登月计划。

　　整个的"阿波罗计划"，一共包括 11 次载人飞行任务，其中从"阿波罗 7 号"一直到"阿波罗 17 号"，都是从佛罗里达州著名的肯尼迪航天中心发射的。

　　"阿波罗 13 号"是"阿波罗计划"中的第三次载人登月任务，这次任务可以说是非常惊险而不同寻常的。"阿波罗 13 号"发射后两天，飞船服务舱的氧气罐发生了可怕的爆炸，导致航天器受到严重破坏，最为关键的氧气和电力受损。危急时刻，飞船上的三位宇航员冷静应对，根据预案的要求，使用航天器中的登月舱作为此次危机中的太空救生艇。

　　值得庆幸的是，在这场可怕的爆炸事件中，最核心的指令舱系统没有被损坏，这也是三人最后活下来的原因。三位航天员以自己的智慧和毅力，在太空中克服了电力、温度以及饮用水等多种致命问题后，奇迹般地成功返回了地球。这件事也同样震惊了整个世界，难怪当时

"阿波罗 13 号"飞船机组人员吉姆·洛威尔在事后回忆说："我们终于活了下来，但是真的太危险了。这一次我们的任务显然失败了，但是我觉得我有理由将它称为一次辉煌的失败。"

人类的想象力与智慧真的令人惊叹，哪怕我作为月宫仙子，都会为之鼓掌。但是，这项计划，在取得了巨大成功的同时，也遭到了大量的质疑。

1974 年出版的美国人比尔·凯辛的《我们从来没有到过月球》（*We Never Went to the Moon*）一书，列举了大量的怀疑论调，比如，宇航员插在月面上的美国国旗迎风招展，拍摄回来的照片中夜空过于黑暗没有星光，宇航员的多个影子出现在了登月舱附近，月球的土壤上保留下的宇航员的足迹太过清晰，等等。这些在当时引起了很大的关注。

当然，也有一些人站出来解释这些问题，说月球表面是超高真空，所以没有空气阻力，才导致旗子一直摆动。根据 NASA 后来的解释，宇航员们带上去的美国国旗，其实是一面可以揉成一团的塑料旗，而且旗帜两条边内还有用于固定的撑子，这样一来，把国旗展开后，就能在月球表面的无风环境中保持平面形状了。至于夜空里没有星星，以及宇航员在登月舱附近出现多个影子，都是正常现象。而月球表面的土壤是有棱角的颗粒，所以一踩到上面就会有清晰的脚印。

事实上，世界范围内大部分人是相信登月事实的，可以说从"阿波罗"飞船登上月球的那一刻起，无疑意味着整个人类的科技文明有了质的飞跃。

美国登月成功，是人类登月的成功，但是这样的成功，还少不了

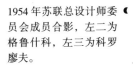

1954 年苏联总设计师委员会成员合影，左二为格鲁什科，左三为科罗廖夫。

另一位主角，那就是当时一直和美国在航空航天领域角逐的苏联。

自 1958 年以来，美国和苏联一直在开展争夺霸权的战争，月球成了一个重要的目标和砝码。当时因为政治上的冷战的需要，双方可以说几乎展开了你死我活的激烈的月球争夺战。

苏联的登月计划也是很宏大的，只是基于当时的各种客观条件被迫中止了。苏联的登月计划正式启动于 1964 年，苏共正式通过了《探索月球及外层空间的工作决议》，国家和民族都为此欢欣鼓舞、充满期待。当时赫鲁晓夫的具体要求是，此次登月必须在 1967 年 10 月前实现，并且是绕月飞行，这是对庆祝"十月革命"五十周年的一个重要献礼；并且，必须在 1968 年实现将宇航员送上月球的终极目标。

科研攻关夜以继日，一切都在有序进行。但是世事无常，1966 年初当时全力领导苏联航空航天工作的科罗廖夫竟然意外去世了。这是一个巨大的重创，直接导致运载火箭及配套的登月飞船等项目，全部因技术和资金等困境出现了停滞。更重要的是，当时的苏联军方领导者们，一直以来对宇宙飞船载人登月计划抱以非常鲜明的抵制态度，当时的国防部长安德烈·格列奇科在一次会议上直接表示："我没有人给你们用，更没有资金，最重要的是我不会和政府一样，支持你们做一些无用的事情，所谓的登月计划我根本就是反对的。"

　　不过，苏联在艰难的困境中仍然取得了一定的成绩，无论是在硬

▶ 1959 年 9 月 14 日，苏联"月球 2 号"以硬着陆的方式登陆月球，这是人类探测器第一次到达月球。而美国于 1966 年 6 月发射的"勘察者 1 号"首次实现美国月球软着陆。

🔺 2019 年俄罗斯国家档案馆公开的"月球 3 号"拍摄的首张月球背面照片。

着陆登月方面，还是软着陆登月方面，都先于美国。在1959年1月"月球1号"探测器失败后，1959年9月"月球2号"在月球表面成功硬着陆，但它的无线电通信装置在撞击月球后停止工作。三个星期后，"月球3号"又从发射场起飞，它不但成为人类近距离拍摄月球照片的首枚探测器，而且传送了首张月球背面图片。

　　1970年9月，苏联发射了"月球16号"探测器，该探测器成

苏联用来将宇航员送达月球的 N–1 运载火箭，在四次失败后于 1976 年终止了此实验。

功着陆在月球表面，收集了数百克月球岩石和土壤样品。这是第一个实现在月球上自动取样并送回地球的探测器。11月，苏联发射了"月球17号"探测器，在月球表面着陆，并与地球进行了联系。"月球17号"搭载了一辆月球车和科学仪器，探测了月球表面的物理和化学性质，并传回了照片和部分数据。

但苏联当时想发展登月计划，各种困难和阻力太大了，再加上巨大的资金投入，终于在1976年，当时的苏共中央通过了一项决议，正式终止了对登月计划的拨款，也就相当于向全世界宣布了苏联登月计划的失败。

后来有学者对苏联在那场外太空角逐中完败于美国的原因进行了多角度的分析，认为大概有三点：首先，苏联的战略目标从开始就出现了问题，因为他们始终将夺取第一、政治献礼和制造轰动作为发展航天的首要战略目标，导致了对空间技术的忽视，这是最为致命的；其次，工程管理体系不够明晰，导致不同的设计部门一直在为登月方案内耗；最后就是经济上的问题，当时苏联在经济实力上比美国差很多，再加上其他一些原因，实在没有实力支撑如此天文数字的开支。所以，苏联的登月失败，应该说是当时的一种必然的结果。

除了众所周知的美、苏登月，在人类的探月史上还有一些国家也开展了一些行动，只是一直没能超越美、苏，从而被遮蔽了，那就是日本和印度，欧洲17国联合体也有过一些探测活动。

日本的探月活动始于1990年，那一年日本发射了"缪斯A"月球探测器，从而成为继苏联、美国探测活动之后世界范围内第三个发射月球探测器的国家。2005年的时候，日本宣布将大力发展航空航天事业，计划在 2025 年前实现载人登月的目标，并完成在月球建立太阳能研究基地的项目。2007 年，日本发射了"辉夜姬"（即"月亮女神"）月球探测器，在绕月轨道上对月球资源进行了长时间的全面分析。此后，日本的太空项目重心转向小行星探测，直到 2015 年，在美国国家航空航天局提议下，日本参与了美国提出的"阿尔忒弥斯计划"，准备重返月球。

至于印度，曾经在 2003 年印度就雄心勃勃地打算发展载人航天技术。2008 年 10 月，印度发射了自己的第一个月球探测器"月船1 号"，2019 年 7 月又发射了第二个月球探测器"月船 2 号"。但是，9 月 7 日"月船 2 号"着陆器在预计软着陆前几分钟与地面失去联系，坠毁于月球表面。2023 年 8 月 23 日，"月船 3 号"成功着陆月球南极。

第二次世界大战后，西欧科学家发现单个国家项目将不能与美、苏两个超级大国竞争，于是在 1958 年开会讨论，最终决定成立共同的太空相关研究机构，此后相继成立了欧洲发射发展组织（ELDO）和欧洲太空研究组织（ESRO）。1975 年两机构合并，成立了欧洲航天局。目前欧洲航天局有 22 个成员国，共同致力于太空探索相关活动。

2003 年 9 月 27 日，欧洲航天局发射了首枚月球探测器"智能 1 号"（Small Missions for Advanced Research in Technology-1，SMART-1 号，直译为小型先进技术研究任务-1），2006 年 9 月 3日对月球表面进行撞击，完成了其最终使命。"智能 1 号"的创新之处是借助太阳能离子推进器进入月球轨道，燃料利用的效率比传统化学燃料发动机高 10 倍，所以它成本低，造型小，非常灵巧。它不但让科学界第一次发现月球极地与赤道区域的许多不同地质构造，也让人类第一次发现在月球北极附近存在一个终年可见太阳的"日不落"地区。

　　好了，我用自己穿越回来所学到的知识，简要地和大家一同回顾了人类的探月史。这一切，我把它们放在这里，是作为详细展示中国探月工程的一个背景。没错，登上月球这样一颗神秘而美丽的星球，是全世界人的梦想，同样，更是从我开始，几千年来中国人的梦想。

　　那么，一定有人已经按捺不住，这个让全世界的科学家为之着迷的月球，这个美丽而神秘的天体，到底有什么魔力呢？再比如说，耗费巨大的探月工程，对我们国家和人民的生活，所具有的更深层次的意义到底在哪里呢？

　　没错，这些问题也曾经同样让我，一个来自月球的穿越回今天的中国古代仙子产生过浓厚兴趣。而当我通过学习了解了答案后，内心的欣喜、惊艳与自豪感久久不能散去。那么接下来，就让我带着大家一起，走进月球魔力的探索之旅。

美国的射电望远镜矩阵。

熟悉
又陌生的
天体

一、月球的谜与魅

在我回到地球之前，如果有谁问我月亮的魅力是什么，我一定会回答就是我的广寒宫；而今天，如果有人问我月亮的魅力，我会毫不犹豫地回答，是月亮这个今天被称为月球的天体的不解之谜。

相比于已经发现了的月球元素与资源，月球还有太多太多的未解之谜。同时，这些未解之谜中所蕴含的无限材料、元素等，更是使得月球充满无尽的魅力，也更有理由使其成为世界各国探索的焦点。看到这些关于未解之谜的资料，我很惊讶，甚至有些惭愧。我在广寒宫住了这么久，居然不知道还有这么多谜团，这也勾起了我的好奇心。

首先，就是月球的起源之谜。

关于这个问题，一直以来世界上就有非常多的争议与假设。科学家们曾经综合提出了几种理论，但是似乎也都有一定的缺陷。比如，有些科学家认为，46 亿年前，月球是和地球一起从一团宇宙尘埃中生成的。而另一种与之对立的理论则认为，月球其实诞生于地球，是地球的子女。

然而，"阿波罗号"飞船登月后得出的结论表明，地球和月球的结构成分差别非常大，那么之前的两种假说显然都不成立了。于是，一些科学家根据这个结构成分的结论提出了另一种假说——"捕获说"。

那么，什么叫"捕获说"？持这一学说的科学家认为，月球是在某个偶然的时间，闯入了地球的固定引力场，继而被锁定在目前的月球运行轨道上，直到今天都没有变过。不过，一种科学结论的得出要经得起多种推敲，目前来看，要从理论上解释这一过程，仍然有着不可突破的难度。

这样一来，以上三种理论基本上都难以成立。正如罗宾·布列特博士所说的："要解释月球不存在，比解释月球存在更容易些。"我不懂这位科学家的意思，但还是觉得他说得很对的样子，真的很神奇！

而目前主流的"撞击说"，是最为科学界认可的一种观点。于20世纪70年代首次被提出的"撞击说"认为，大约45亿年前一个火星大小的行星和原始地球相撞，被撞出的二者地幔物质以熔体和气体的形式溅射至太空，形成一团难熔的、挥发性低的尘埃云，其中一部分脱离地球的尘埃云凝聚、吸积、碰撞形成月球。支持这种假说的证据有很多，但也有一些和目前的研究结论相矛盾的地方，仍有待于进一步证明和完善。

☙ 一个行星和原始地球相撞。

☙ 被撞出的物质碎屑逐渐形成尘埃云，其中一部分最终形成月球。

　　所以，对于月亮的起源，我也没有能力确定哪种说法是正确的，但是我的确被今天的人类大胆而瑰丽的想象力、严谨而宏大的科学观震撼到了。

　　然后就是月球的放射性之谜。

　　当年登月的美国宇航员们曾在月球上使用温度计来测温，结果发现那里温度非常高。这就表明，月球亚平宁山脉附近的热流，温度已经特别高了。曾经有一位科学家看到这个结果后，认为这片土地应该马上就要熔化了，而且他据此推断，月球的核心一定更为炙热。不过令人不解的是，经过探测发现，月心温度却并不像人们想象的那么高。如此一来，就可以推断，这些热量是从月球表面大量放射性物质中发出的。可是这些放射性物质，比如铀、钚、钍等都是从哪里来的呢？如果假定它们来自月球的核心，那么现在为什么又会存在于月球的表面？并且探测数据显示，月面厚度为 8 英里[1] 的表层都具有明显的放射性，这么巨大的放射性物质含量，对于地球上的人类的认知来说，简直太惊人了。

　　排在第三的，是当巨大物体袭击月球某些地方的地面时月球的发声之谜。

　　关于月球的发声，根据美国国家航空航天局的文件记载，每当有这样的声音响起时，都很神奇，那声音听起来就像一种超大铃铛被撞击后发出来的。

　　这真是太不可思议了，月球那么大，怎么会在被撞击后发出铃铛

1　1英里≈1.61千米。

1972 年 4 月"阿波罗 16 号"
宇航员查尔斯·杜克在月球上
采集标本。

似的声音呢？难道是土层下面有什么特殊的结构？登月的美国宇航员
们同样非常好奇，于是对月表多处发声的地面土壤进行了探测研究。
当年他们在那些特殊的月面平原上降落后，首先发现平原土壤的颜色
特别暗黑，还有就是土质非常坚硬，甚至无法在上面钻孔，因此也无
法断定表面之下的具体情况。而这些土壤样品经分析后发现，里面
含有大量地球上稀有的金属钛。这是一种很珍稀的金属，一般用在飞
机发动机和宇宙飞船上，特别珍贵。另一些比如锆、铱、铍等硬金属
的含量也十分丰富。于是科学家分析，那些神秘的声音，是不是由这
些稀有金属的含量所导致的？可是另一个问题也同时令科学家们很好
奇，就是这些金属只有在很高的温度——约 4500 华氏度——下才会
和周围的岩石融为一体，那么是否可以推断，在很久以前，月球的温
度曾经达到了 4500 华氏度，然后导致了这些金属的生成？

　　4500 华氏度的温度我没有见过，只想着应该是非常炽热吧？如果真的有过，那一定是很久很久以前了，总之我生活在月球的这几千年间可从来没见过呢！看着这些资料，我情不自禁想象着月球曾经的温度，那基本就是火球了吧？

　　想来真是不可思议，如果我不是这一次阴差阳错回到地球，怎么也不会想到，我生活了几千年的清冷月球，居然曾经是一个燃烧的火球，而且被重物撞击，还会发出铃铛一样的声音！

　　说到铃铛，说到金属，一定会有人想到铁，对吧？没错，月球上的铁更是谜中之谜，在月面岩石的样品中含有一些纯铁金属颗粒，苏联和美国的科学家惊讶地发现了一个现象：这些纯铁的金属颗粒在地球上自然放了 7 年，居然根本没有生锈！这在地球已知的科学世界里是闻所未闻的。于是，科学家们开始对这些纯铁来源进行研究与推测，但是同样，至今还没有得出确切的答案，目前也只能推断出这些金属颗粒并不是来自陨星，所以未来还要继续研究。说到金属就容易令人想到磁场，而关于月球岩石曾经的磁场也是另一个谜团。

🌙 "阿波罗 14 号"带回的月球岩石大伯莎。有研究称重 8998 克的大伯莎很可能源自撞击月球的地球陨石。

那么，究竟是什么样的奇特磁场呢？说起来的确令人难以置信，因为根据目前的探测结果，月球表面几乎没有磁场，但是在对月球的岩石进行分析之后科学家们发现，月球岩石曾经有过非常强大的磁场。这一现象无法不令人困惑：假设月球真的有过磁场，那么据此推测，它就应该有个铁质的月球核心，但奇怪的是，目前的探测结果已经证明，月球是根本不可能有这样一个铁质核心的。或者是获得性磁场，但是目前看来也不可能，至少不会从比如地球之类的天体获得。因为如果真的想获得磁场，那么，月球就必须距离地球足够近才可以实现。但是那是根本不可能的，因为一旦过于近了，月球必定早就被地球的引力撕得粉碎了。而现在看来，显然不是这个原因。那么，这些月球岩石中曾经有的强大磁场到底从何而来？这的确够科学家们好好研究一阵了。

同时我也决定了，等回到广寒宫后，再也不会整天待在广寒宫里，一定要带着玉兔去找找这些神奇的地方，感受月球的神秘与神奇。

当然，月球之谜还远远不止这些。比如，在干燥的月球上为何会出现大量的水汽？这些水汽是动态的还是静态的？从何而来？

最初探测的结论表明，月球是个干燥的天体，的确，最初几次探测都没有在月球表面发现任何与水有关的痕迹。直到"阿波罗15号"探测到了月球表面并不是完全干燥的，而是存在一处面积大约100平方英里[1]的水汽团，这一发现令很多科学家惊讶不已。

大家就该问题也表达了不同见解。有的分析说，这就是美国宇航

1　1平方英里=640英亩≈2.59平方千米。

员们造成的，因为他们将两个废弃的小水箱遗留在月球上，一定是这两个小水箱漏水造成了水汽。但是很快就有人反对了，因为那么小的水箱，无论如何也不可能产生 100 平方英里的水汽啊？于是这一说法被推翻。更有人脑洞大开推测，会不会是宇航员的尿液？毕竟尿液是液体啊，应该有理由转化成水汽的，最后到达月球的天空中。当然，这样无依据的推测也根本不成立。于是，这也成了月球的未解之谜之一。不过更多的科学家倾向于这些水汽来自月球内部，但是，目前也只是根据有限的材料进行推测，尚未得出最后的答案。

　　说实话，关于水汽我知道是有的，至少我的广寒宫周围从来不缺少云雾，但是要从今天的科学角度分析这些水汽云雾是怎么来的，我就真不知道了。我也期待着有一天能有答案，这样我也可以和我的玉兔讲一讲呢。

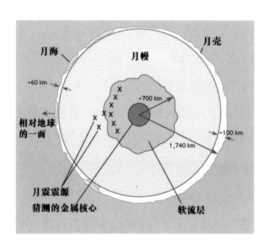

▶ 月球的内部结构。月壳的资料主要来自人工月震，而深部资料主要根据月震和陨石冲击资料得出。

对了，除了对水汽有所了解外，还有一点我也知道，就是月球的形状。来到这里之后我才知道，月球截面的形状叫椭圆，至于为什么会是这种形状，目前也有好几种说法。

我看到的资料中说，月球是不规则的形状。在18世纪末的时候，法国数学家皮埃尔·西蒙·拉普拉斯就有了这方面的重大发现。首先是月球形状的不规则，然后是月球在自转时会发生可以观测到的"抖动"。这个惊人的发现，让科学家们的目光再一次聚焦在这个问题上，人们相信如果月球是不规则的，那么这样的抖动就是理所当然的了。到了20世纪六七十年代，太空探测器登上月球，之后真的发现它是不规则的。假设沿赤道把月球分成两半，产生的截面不是标准的圆形，而是椭圆，就是和橄榄球一样的形状，并且那个橄榄球的尖顶部分的"球尖"，刚好指向地球的方向。这个确凿的科学结论，验证了18世纪科学家的观测。但是人们很快开始想知道，为什么月球会是这种不规则的形状？是什么使月球变成了今天的样子？但是关于成因，迄今为止没人能给出令人满意的答案。

其实当面对这些不解之谜时，我也会受到启发，开始不由自主地想一些相关的问题，因为毕竟月球是我生活的地方啊。所以这一切真的让我充满兴趣，尤其是有一次我忽然想到了月球的年龄。事实上，关于这些，我在广寒宫里也有过一些疑问，比如说这个人间可以看见的月亮，到底在天宇中存在了多久呢？但是我根本没有答案，也没有任何相关的概念。这一次我在资料中看到科学家们果然也在探索这个问题，虽然还没有答案。

关于月球的年龄之谜，科学家们的研究推测是从月球上的岩石入

手的。人们惊讶地发现，经分析从月球带回的岩石标本，其中 99%
年龄比地球上最古老的岩石年龄还要长很多。阿姆斯特朗当年在"静
海"降落，对他从那捡起的第一块岩石的探测发现，其年龄大约是
36 亿岁；然后陆续推测出另外一些岩石的年龄，分别为 43 亿岁、
45 亿岁和 46 亿岁。这意味着什么呢？意味着月球几乎与太阳系本身
的年龄一样大。在 1973 年世界月球研讨会上，科学家们曾测定出月
球岩石的年龄大约为 53 亿岁，而迄今为止地球上已知的最古老的岩
石年龄是 37 亿岁。而且更重要的是，目前测定出年龄的岩石我们感
觉已经很古老了，但事实上它们采集的区域，被科学家认为是月球上
最年轻的区域。

　　不过现在，关于月球年龄，这样漫无边际的猜想已经不必要了，
因为"嫦娥五号"的归来，已经开启了一个全新的月球科学研究纪元！
我们的国家航天局已经公布了"嫦娥五号"带回的月壤样本的科研成
果：科学家通过夜以继日的研究，揭示了 20 亿年前月球仍存在岩浆
活动，并精确测定了月球的年龄是 20.3 亿年！也就是说，从此，月
亮这个神秘的星球，有了自己准确的年龄！

　　那么由此可以推断，月球这个神秘的天体，应该是在地球形成很
久之前就已经在星际空间中形成了，后来才成了地球的卫星。

　　哎呀，我这才发现自己生活的地方，我的琼楼玉宇的广寒宫，居
然坐落于这样一个古老的天体上，这种古老，是哪怕我作为月宫仙子
也无法去想象的那种。

　　对了，还有一个超出我大脑想象界限的问题，就是关于月球到人
间的距离。这个问题最早出现在我的大脑中，可能是我还生活在人间

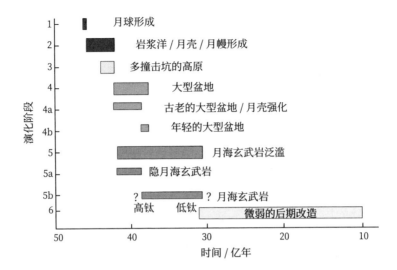

演化阶段 / 时间 / 亿年

🌙 月球形成演化的主要阶段划分。月球早期地质历史记录了月球演化的全部重大事件，月球距今 30 亿年来基本"僵死"。

的时候吧。那时候我常常望着月亮，想象着月亮到人间到底有多远。如果用羿的神箭，可以一箭射到月亮上吗？

来到人间后我知道了，这个距离是大约 38 万千米。这也为科学家们打开了一扇关于距离之谜的神秘大门。这是关于太阳、月亮与地球之间的距离之谜：科学家们在研究太阳、地球和月亮三个天体之间的距离时，无意中发现了三者之间的距离竟然有着神秘的关系，因为它们始终与一个数字有关，那就是——395。

首先看第一组神奇的数字：从月球到地球的平均距离约为 38 万千米，然后太阳到地球的平均距离约为 1.5 亿千米。用这两个数字相除，就得出一个数字：395。也就是说，太阳到地球的距离大约是月球到地球距离的 395 倍。

　　再来看第二组数字：太阳的直径约为 138 万千米，月球直径约为 3500 千米。如果把这两个数字也进行除法运算，得出的商居然也是 395，也就是说，太阳的直径刚好约是月球直径的 395 倍。

　　面对这样两个数字，科学家们无法不产生联想：到底这几个天体之间，冥冥之中有着怎样不为人知的神秘联系呢？尽管也有人提出，也许这就是巧合，或者就是科学家们的数字强迫症也说不定吧？但是，这组神秘的数字却仍然魅力不减，吸引着科学家们不断提出新结论，希望有朝一日可以解开这个谜题。

　　当然，如果说到巧合，恐怕没有比这个更巧合的了，那就是关于月亮与太阳的日食和日冕。对此，著名科学家阿西莫夫说过最为意味深长的话："从各种资料和法则来衡量，月球不应该出现在那里，而神奇的是，偏偏它就在那里。月球正好大到能造成日食，小到仍能让人看到日冕，在天文学上找不出理由解释此种现象，这真是巧合中的巧合！"

　　是啊，这样的巧合中的巧合，怎么能不令人好奇，令人惊叹，令人期待有一天能解开这个谜底？并且，谜题何止这一个？以上的所有谜题，还有未来继续探索月球过程中发现的新的谜题，都令人充满期待。而我期待的是，这些关于月亮的谜题，未来也会由我们中国人来解答，我知道一定会的！

二、了解月球资源

在说月球资源之前，首先要说一说这颗美丽星球对地球的重要贡献。首先是，它令地球自转的速度逐渐变慢，月球对地球的潮汐作用，使生命从海洋向陆地迁徙。在太阳系天体中，由于地月间距离相对较近，月球对地球的潮汐作用约为太阳对地球潮汐作用的 2.2 倍，并远远大于其他天体对地球的潮汐作用。以月球为主的潮汐作用引起地球海水的潮起潮落，当月球的潮汐力作用于涨潮的海面，力的方向与地球自转方向相反，海水与海床的摩擦作用对地球的自转有牵制，长期

太阳、月球和地球在一条 ◖
直线上时出现大潮。

◗ 相对地球而言，太阳和月
球垂直时出现小潮。

积累的结果使地球的自转速度减慢，逐渐使每天时间变长。月有阴晴圆缺，大地四季轮替。这是多么让我深深感动的说法，因为在那美丽缤纷的四季里，有我曾经美好的家园，那里，有我的亲人、我的遥望，我永恒的思念。那不断轮回的四季，不就是地球上最壮丽的史诗？

其次，如果没有月亮，地球上的生命将会面临很多不稳定和不确定的竞争环境，这将对地球上的生态系统造成巨大的影响，而最重要的，是月球一直在尽力为地球阻挡来自宇宙的天外来客的撞击。这是怎样一种无畏，一种大义凛然，拯救了多少地球上浑然不觉的生命！是的，每当说起月球，我总是最特殊的那一个，而穿越来到今天的地球之后，了解得越多，内心的感受也越百感交集。也正因如此，那颗遥远的月球，那里的一切，让人类愈发对其充满强烈的兴趣，复杂的情感，也使得对月球的探测越来越急不可耐。

一直以来，发射人造地球卫星、载人航天和深空探测，无疑是全人类航天活动的三大重要领域。而探测月球，开发月球的各种资源，并建立更加完善的月球基地，目前已成为世界各国航天活动的必然趋势和竞争热点。

月球上的资源，一般就是指月球上可以被人类所利用的天然物质。

月球上有着极为丰富的矿产资源，品种繁多。地球上常见的 17 种元素，在月球上的分布非常丰富。月壤是一种极为宝贵的资源，它含有大量的氦-3，利用氘和氦-3 可进行氦聚变，作为核电站的能源。这种聚变不产生中子，安全无污染，是容易控制的核聚变，不仅可用于地面核电站，而且特别适合宇宙航行。据悉，月球土壤中氦-3 的含量有上百万吨。从月球土壤中每提取一吨氦-3，可得到 6300 吨氢、

70 吨氮和 1600 吨碳。从目前的分析看，由于月球的氦-3 蕴藏量大，对于未来能源比较紧缺的地球来说，无疑是雪中送炭。获取氦-3 也成了许多航天大国对月球进行开发的重要目标之一。

我在一些资料中看到，截止到现在，经过严谨的科学考证，月球上可供人类开发利用的主要资源有以下几类。

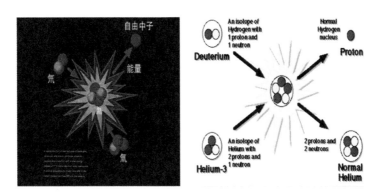

❥ 月球土壤中重要的核聚变原料氦-3。氘–氚反应中氚及产生的中子有放射性，有可能实施氘与氦-3 核聚变反应，核聚变电站生成的放射性副产品也比当前的核电站更少，储存方法也更简单。

月球正面与背面月壤中氦-3 资源量的分布，全月储量为 103 万—129 万吨，可以提供人类社会持续发展 1 万年的核聚变发电原料。

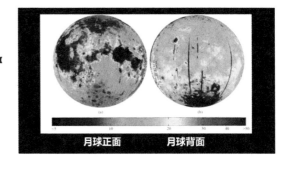

　　首先是月球土壤，也称为月壤。它是不需加工可直接用作防护材料的资源。关于月壤的来历，应该说至今还是个谜。众所周知，月球岩石的古老程度，早已经是人类无法考证的宇宙之谜，科学家们也已经心甘情愿地束手无策了。然而，和这些神秘古老的岩石相比，它们周围的月壤比岩石还要古老太多。据一些科学家研究分析，月球土壤的年龄至少比岩石年龄大 10 亿年。

　　10 亿？是的，你没看错，10 亿年。也就是说，人类至今为止的数千年历史，哪怕就算是上万年，对于月球而言，真的就是一个须臾刹那，或者连刹那都算不上。

　　其次是月球土壤中所含的各种元素。这一点就比较丰富了，比如，月球土壤含氧量为 40%，那么从中可以提取出用作火箭推进剂的氧，甚至可以补给轨道上的飞船，还可以合成水供人使用。这真的是太厉害了，而且含量如此之大，所以月球怎么能不成为世界各国航天关注的焦点？

　　月壤的含硅量为 20%。这个硅的用途更加不可小觑，因为太阳能电池的重要组成部分就是硅。除此之外，月球土壤中还蕴藏着大量铝、铁、钙及少量的钛、锰、镁、铬、氦等元素，这些元素都是科技发展中非常重要而宝贵的原料。所以，大家更加明白月球资源的重要性了吧？

　　而第三，就是月球的天然玻璃。

　　这个就更加令人惊叹了。当年登上月球的美国宇航员们发现，月球表面有许多地方覆盖着一层玻璃状的物质。这使得月球表面看起来就像个玻璃球。这样的形态，在地球人看来几乎是不可思议的。

于是科学家们开始分析。有人认为月球应该是被什么东西炙烤灼烧过，就像一位科学家所说，月球上铺的这些玻璃一样的物质之后被证明应该不是曾经的陨石撞击形成的。于是有些科学家进而分析认为，这应该是太阳爆炸时，在某种微型的新星状态之下所产生的一种全新的陌生物质。已经有实验证明，这种物质的神奇之处在于，只需经过物理处理就可以制成高强度的结构复合材料。

➥ "阿波罗 11 号"拍摄到的代达罗斯撞击坑，直径 93 千米，深度 3 千米，位于 5.9°S，179.4°E。

这样的发现使得科学家们对它的作用产生了太多的联想，以至于对月球探测计划的制订起到了决定性作用。一些资料显示，美国等一些国家很早就开启了利用月球资源的实验工程。比如，早在 20 世纪 80 年代，美国国家航天委员会就提出了一份重要报告——《开拓天疆》

（*Pioneering the Space Frontier*），向美国国会和总统阐述了未来50年内美国民用航天的目标。报告中明确指出，对月球资源的利用，应该以月球玻璃、金属铁等这类不需要经过复杂的化学分离而直接经过物理处理就可应用的物质为主要目标。事实上，人类试图对月球资源的开发和利用，早在人类对月球的探测之初就已经很明确了。

　　正如前面提到的，人类对月球的科学探测和研究，早在 20 世纪50 年代就已经开始了。苏联发射第一颗人造卫星，以及把加加林送入近地轨道，便意味着人类已正式闯入太空，并开始了对月球的探测。随后就是美国和苏联展开的一系列以月球探测为核心任务的空间科学技术竞赛。从 20 世纪 50 年代末到 70 年代初的十余年里，苏联共向月球发射了 30 多个探测器，从不同层面取得了预想之中或预料之外的丰硕成果。美国向月球发射的探测器装置有 21 个之多，并且终于在 1969 年 7 月由"阿波罗 11 号"飞船首先实现了全人类的登月梦想。

　　30 年后，美国与印度、韩国、日本、加拿大、英国、法国、德国和意大利等国家签署了联合探月协议，并共同发起了一个叫"国际月球网络"的联合探月活动。活动的计划也很有想法，是逐步在月球上建立多个科学考察站。实力不俗的航天大国俄罗斯，在探月活动中也很有战绩，提出了宏伟的探月计划。

　　而随着科技的发展，还有一些国家应该也有各种探月计划。因此，毫无疑问，开展月球探测工作已经是中国要采取的航天深空探测的必要举措，而实现了月球探测，也将使中国航天深空探测实现零的突破。

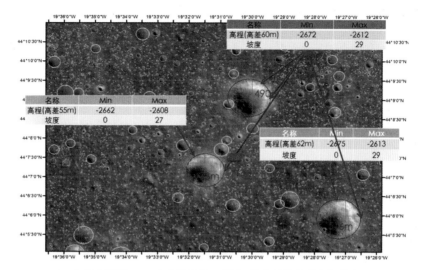

名称	Min	Max
高程(高差60m)	-2672	-2612
坡度	0	29

名称	Min	Max
高程(高差55m)	-2662	-2608
坡度	0	27

名称	Min	Max
高程(高差62m)	-2675	-2613
坡度	0	29

4km×4km内初步识别10000余个撞击坑，其中，最大值撞击坑直径约为516m, 490m, 433m；44个直径在100-400m，估计直径小于100m的>5400个

➥ 我国"嫦娥三号"探测器4公里范围内识别到1万余个撞击坑。

今天的月球已成为未来航天大国争夺战略资源的核心和焦点，因为目前的资料已经可以证明，月球上储备着可供人类开发和利用的各种独特资源。整个世界都意识到，这些珍贵的资源，将是未来对地球资源极为重要的补充和储备。如此重大的价值，奠定了开发月球资源的工程在世界意义上的坚实基础，因为这将对整个人类社会的可持续发展，产生极其重要而深远的影响。

那么此刻，大家是不是和我当初的心情一样呢？在了解以上的一切之后，面对着这些秘密、这些未解之谜及这样广泛的意义，心里充满了极其丰富的情绪：激动而喜悦，还有疑问被解开了的通透，开阔眼界后的豁然开朗，更有一个中国人心中升腾起来的庄严与自豪！

是的，作为一个中国人，我们有什么理由不加入这万事开头难的远征？

的确，以我的名字命名的工程，让中国这种漫长而遥远的探索历程，变得具有了民族古老神话与现代神话交相呼应的意义，真的值得我们去了解，去铭记，去感恩，去自豪！

自豪之余，我猜一定有人情不自禁地想到了另一个问题，一个非常令人着迷的问题，那就是这样一项伟大庄严的事业，最初到底是怎样开始的呢？是什么样的背景，让科学家们意识到了中国探月势在必行？又是什么样的契机，使得这样的想法得以被认可？而整个立项的过程，又经历了怎样的波折？最后是谁一锤定音，拉开了中国探月的宏大的帷幕？

这也曾经是我的疑问。作为一个古代的仙女，我因为听到一声声"嫦娥"的呼唤而穿越来到了今天的中国科学院，而到了这里后，随着对这一切了解得越来越多，我才知道，其实这个工程的起源很早很早。

觉醒的
中国探月

FLY

TO

THE

MOON

一、中国航天的三个里程碑

　　说起来，我是因为中国的探月工程因缘际会地来到了今天的中国，并幸运地以一个古代神话人物的身份，见证了这样一个人类探月史上的当代神话。

　　而今天被世界瞩目的中国探月工程，作为中国航天事业的重要组成部分，其启蒙和发展，必定离不开中国航天更大的历史背景。通过一些资料我了解到，中国航天事业，确切地说应该是从 1956 年 2 月开始的。

　　为什么会有这么具体的时间记录呢？因为当时中国一位著名科学家钱学森，就是在这个时间，向国家提出了《建立我国国防航空工业意见书》。中央非常重视这个意见，于是在 1956 年 4 月，组织相关科学家与技术人员成立了中华人民共和国航空工业委员会，统一领导中国的航空和火箭事业。

　　如果说到今天为止中国航天的发展历程能用什么来加以形容的话，简单地说，应该有四大里程碑。其中的前三个里程碑正是在为"嫦娥工程"——第四个里程碑的开启做充分的准备。

　　中国航天的里程碑中，最值得一提的是第一个，与一位名叫万户的明朝人有关，他生活的时代距离今天应该有几百年了。

　　一定有人奇怪，几百年前的人就有探索天空的理念了？答案是肯定的，比如我就是另一个例子啊，我生活的上古时代距今几千年，比这个明朝人还要久远呢。虽然在我生活的上古时代，我不是出于今天的科学目的，只是因为对月亮的强烈向往，才最终阴差阳错地飞到了

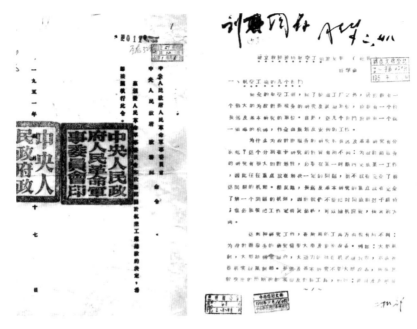

❥《关于航空工业建设的决定》成为
　新中国航空工业的出生证。

❥《建立我国国防航空工业意见书》历史文件。

广寒宫。那么距离今天只有几百年的万户，想一想，应该就更加有足
够的理由了。

　　可以说这是一段既有趣又悲壮的历史，万户这个人，也堪称有着
世界范围的影响，我在资料中看到后很是感慨。

　　这个想利用火箭飞天的人名叫"万户"，很有趣吧？其实这并不
是他的真名，他的真名叫陶成道。而他还有一个原名，叫陶广义，是
后来当了皇帝的朱元璋给他赐名为"成道"，才有了"陶成道"这个
名字。

　　这个陶成道最早是浙江婺城陶家书院的山长，也就是书院的讲学

者。他博览群书，勤于思考，最喜欢的就是钻研炼丹技巧，为此很是痴迷，可以说乐此不疲。然而炼丹的过程中并不平静，常常会出现一些大大小小的问题，于是在一次炼丹发生了事故后，陶成道开始重新为自己的事业定位了。炼丹的失败，引发了他对火器的兴趣。经过深思熟虑，结合自己多年的炼丹经验，他开始将自己的目标转为专门试制火器。就是这样一个目标的转变，让他几乎影响了一个朝代，但当时的他并不知道。

陶成道的丰富学识、钻研精神以及人生经历和经验，使他在火器的开发和研制上成绩突飞猛进。这时候是中国历史上的元朝末年，陶成道率一干弟子，为势头正劲的吴王朱元璋献上了他的火神器技艺。这在当时可以说是绝对的神器，名副其实。朱元璋有了这一技艺，简直如虎添翼，军队士气倍增，这也使得陶成道的火神器有机会在历次战事中屡建奇功。

取得几次大胜后的朱元璋非常高兴，对陶成道更是大赏特赏，封赏陶成道名字为"万户"，从此陶成道有了新名字。就是这个"万户"，成为第一个想到利用火箭飞天的人，甚至被称为"世界航天第一人"。他的航天故事一直广为流传。

14 世纪末的中国，是明朝的洪武年间。早已经成为明朝开国功臣的陶成道，已经成了朝野尽知的"万户"。毕生热爱火器的他，到了晚年也热情不减，继续钻研，并且对头顶的天空产生了越来越浓厚的兴趣，特别希望到天上看看。

一天，经过多年研究的万户终于有了具体的行动，他手持两个巨大的风筝，坐在了一辆捆绑着四十七支火箭的蛇形飞车上。这可吓坏

了家人们，连忙问他要做什么。万户说，他想利用风筝和火箭这两种
具有巨大推力的东西，将自己送上蓝天，去亲眼观察高空的景象。家
人们觉得这太不可思议了，也太疯狂了，都来阻拦他。但他坚定地对
大家说，他已经为此做了充分的准备，随后命令家里的仆人点燃火箭。
他所说的充分准备，后来人们才明白，就是早已经做好了以身殉难的
准备，因为从事毕生研究的他比任何人都明白，这样做的风险几乎就
是百分之百的，但他依然决定要这样做。

↘ 外国人绘制的《万户飞天图》。关于万户飞天的故事，迄今能找到的最早记载来自国
外，万户的译名是 WangTu。

　　悲伤又害怕的仆人应该也看出了其中的危险，手举火把来到万户面前，却并不点火。万户问他为什么不点，他流着泪说："倘若飞天不成，主人的性命怕是难保。"万户听后洒脱地笑道："飞上天去，看看更广阔的天地，一直是历朝历代很多人的夙愿，也同样是我多年的梦想。今天我很清楚，失败的可能性很大，但是为了给后世之人探出一条路，我情愿粉身碎骨。既然是探索就一定会有牺牲，能为飞天做出一点贡献，值了。点火吧！"

　　仆人只好服从万户的命令，流着泪颤抖着手缓缓举起了熊熊燃烧的火把。第一排的火箭被点燃了，刹那间，只听一声震耳欲聋的轰响，这辆特制的飞车周围一瞬间浓烟滚滚，烈焰翻腾飞舞，而飞车竟然真的已经离开了地面，徐徐升向半空！

　　人们在惊讶与慌乱中清醒过来，感觉到实验成功了，于是追逐着大声欢呼。就在这时，蛇形飞车上第二排的火箭在第一排的火力下自行点燃了，还没等地面上的人群看明白发生了什么，忽然横空一声轰然爆响，最让人害怕的悲剧还是发生了，只见晴朗无云的蓝天上，刚刚升起的蛇形飞车已经在巨响之后变成了一团刺目的烈焰，而万户则从燃烧着的飞车上重重跌落下来，手中还紧紧握着两支着了火的巨大风筝，自己也已经成了火人……

　　美国科学家赫伯特·基姆（Herbert S.Zim）在1945年的著作《火箭和喷气式飞机》（Rockets and Jets）中说："他在一把座椅的背后，装上47枚当时能买到的最大火箭……他的目标是月亮。"

　　钱学森院士为学生讲述这个故事时，最后总会说万户后来"长眠在鲜花盛开的万家山"。

《火箭和喷气式飞机》书
影。该书使"万户"的
名字在国内外得到广泛传
播，书中万户的译名是
"WanHu"或"WanHoo"。

直到今天，世界都公认血溅天疆的万户是悲壮的英雄，是世界上第一个利用火箭向天空发起探索的真英雄。他最基础的努力看似失败了，但是创造了借助火箭推力升空的大胆设想。也因此，万户甚至被世界公认为"真正的航天始祖"。

但是在万户献出生命后，他毕生所爱的飞天事业终究停止了。因为在那个时代，无论人们的思想理念还是国家的科技水平都受一定条件限制，除了他个人的行为，根本无法出现更具规模的其他探索行为。明朝以后，中国进入将近三百年的清朝，遗憾的是，哪怕是国力昌盛的康乾盛世时期，也并没有在这方面有所追求。科技的发展与国家的政治、经济、文化息息相关。到了近代，中国历经磨难，科技事业日趋落后，列强对中国的欺凌也是愈发有恃无恐。

难得的是，明朝万户所开创的飞天事业，在历经时间的冲刷后得到了世界承认。其中美国一位火箭专家，名字叫詹姆斯·麦克唐纳，更是直接将万户称为"中国的青年火箭专家"，称他是"人类第一位进行载人火箭飞行尝试的先驱"。他研制的蛇形飞车，也被称为"人类有史以来了不起的发明"，可见万户飞天探索的影响之大，以及被认可的程度之高。更难得的是，科学家们为了纪念"世界航天第一人"万户，将月球上的一座环形火山命名为"万户山"。于是万户与他发明的蛇形飞车，以及月球上的"万户山"，实至名归地成为中国航天具有特殊意义的第一个里程碑。

好了，说完了第一个，我们再来看看中国航天的第二个里程碑，那就是"东方红一号"——中国第一颗人造卫星。"东方红一号"成功升空，在中国航天发展史上具有极其重大的意义。

"东方红一号"卫星于 1970 年 4 月 24 日在中国酒泉卫星发射中心成功发射，由此开创了中国航天史的新纪元。这次成功的卫星发射，使航天事业一度落伍的中国，一跃成为苏、美、法、日之后世界上第五个独立研制并发射人造地球卫星的国家。

我们来看看让世界瞩目的"东方红一号"卫星吧。

卫星重 173 千克，由长征一号运载火箭送入椭圆轨道，精准测量了卫星工程参数以及空间环境，并顺利进行了预定的轨道测控，最重要的是将经典伟大的《东方红》乐曲，播送到了遥远的太空。设计寿命为 20 天的"东方红一号"卫星，超额运行了 28 天，于 1970 年 5 月 14 日停止向太空发射信号，《东方红》乐曲停止播放，结束了这一部分的工作寿命。不过，卫星的轨道寿命仍在继续，而且，半个世纪过去了，"东方红一号"卫星仍在空间轨道上运行。能够出现这样的奇迹，主要源于"东方红一号"卫星在跟踪手段、信号传输形式和星上温控系统等最重要核心的技术方面，均已经超过了苏、美等首颗卫星的水平。

因此，"东方红一号"卫星的成功发射，的确堪称中国航天史上的一座丰碑，同时也是第二个重要的里程碑。它的发射成功，也积累了很多非常宝贵的航天科学经验，比如，中国的社会主义制度具有集中力量办大事的优势；航天事业的发展，可以带动中国科技水平的整体跃升；切合实际制订科学合理的方案，能使我们的努力走向成功；

⌣ 工作人员正在总装"东方红一号"卫星。

不等条件，创造条件，立足自己，自主创新；等等。这些都是科学发展必需的重要经验。

　　而更为关键的是，恰恰是之前这些宝贵的航天经验的积累，使得后来的中国探月有了坚实的科学基础与科学自信，也才有了更为震撼世界的中国当代神话。

　　哦，别急，在介绍探月工程这第四个中国航天里程碑之前，我们还必须了解一下中国航天的第三个里程碑——载人航天。

　　1992 年 9 月，中共中央政治局常委会议做出了实施中国载人航天工程的战略决策。2003 年 10 月 15 日，"神舟五号"载人飞船顺利升空。这一历史时刻的到来，向全世界宣布：中国已经完全掌握了载人航天的科学技术。

　　北京时间 2003 年 10 月 15 日 9 时整，"神舟五号"载人飞船顺利升空，进入预定轨道。飞船飞行期间，地面与航天员始终保持着密切的通信联系，并通过详细的生理遥测参数，实时了解航天员在飞船上的身体状态。航天员在飞船中负责监视飞船飞行过程中重要指令的执行，以及实时的太空运行状态。"神舟五号"载人飞船在轨自主运行 14 圈后，经过一系列操作，返回舱于 2003 年 10 月 16 日早晨安全着陆，航天员杨利伟在飞行 21 小时 23 分后顺利返回。此后，轨道舱继续留轨飞行约半年，开展有关的空间科学实验和技术试验。

　　此次载人飞船的成功，不仅圆了中国几千年来的飞天梦，更重要的是，在世界航天领域取得了多项本质性飞跃：中国"神舟五号"载人飞船的起飞质量以及座舱的最大直径，均远远大于美国的"水星号"和苏联的"东方号"，而神舟飞船的构形比"水星号"和"东方号"

▶ 苏联于 1961 年 4 月成功
发射世界上第一艘载人飞
船 "东方 1 号"，首次将
加加林送入太空。

美国于 1961 年 5 月 ◀
成功发射 "水星 – 红
石 3 号" 载人航天
飞行器，将艾伦·谢
泼德送入太空。

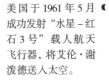

2003 年 10 月 "神舟五号" ◀
载人飞船任务圆满成功，
标志着中国成为世界上
第三个独立掌握载人航
天技术的国家。

的两舱构形具有更多的功能，在技术方面也更加复杂丰富。最关键的是在电源方面，"神舟五号"载人飞船采用了以太阳能电池阵为主的电源方案，这比"水星号"和"东方号"的电源系统，在技术上有了根本的改进。因此，可以说"神舟五号"载人飞船，是中国天地之间往返运输的优良工具，堪称"摆渡天河的真正神舟"。

二、中国探月的世界背景

好了，说完中国航天的三座里程碑，终于轮到我们的中国探月工程登场了。

不得不说，随着我对中国探月和航空了解得越来越多，也就越来越生出对这个国家的巨大敬仰。随着我对自己当代中国人身份的认定越来越真切，心里的自豪感也越来越强烈。尽管我其实来自遥远的上古，来自天上的广寒宫，但我内心这种感受却没有受到丝毫影响。

因此，在正式拉开中国探月的恢宏帷幕之前，我会先对自己了解到的，关于今天的中国为什么一定要发展航空航天探月工程，做一下简单分析，因为我知道一定会有人对此满脑子问号。而将这个原因说明，也能使今天的中国人，真正从核心本质上去领会中国探月的人类意义与国家使命，从而更能生发出民族自豪感和荣誉感。而这样的自豪感与荣誉感，可以说对今天生活在中国大地上的每个中国人了解自己的国家，都有着至关重要的巨大意义。

　　众所周知，20 世纪 60 年代以来美国在"阿波罗计划"的全面刺激下，航天事业飞速发展，引领了几乎全部高新技术的创新与发展潮流，一大批新型工业群体得以诞生与成长。而更为关键的是，计划所带来的技术突破在世界范围内产生的影响，无形中促成了 20 世纪系列重大科学技术的进步，而后美国也顺理成章地因为"星球大战计划"所带来的技术突进，成为世界意义上信息时代的领导者。这使得中国越来越真切地意识到航天科技对国家与民族的重要性，进一步增强了使命感。

　　此外，我看到的众多资料表明，目前无论是从科学的观点还是技术的角度来看，当务之急就是对新的载人飞船的研制与试验。因为这些经验所产生的意义，远比宇航员在飞船上所能实际完成的任何事情都要重要。

　　新的载人飞船的研制与试验，对提高电子设备、航天材料、计算机、制造、系统集成等方面的技术水平，以及获取研制导航、姿态控制、推进和生命保障各主要子系统等的相关经验，意义重大。而且最关键的是，对军民两用航天项目而言，应该有着非常广泛的意义。我看到的资料显示，在 21 世纪的第一个 10 年间，高额的利润使得全球空间工业得到了大批的资金注入，估计为 6500 亿到 8000 亿美元。资料中的这些数字，在我看来实在是太惊人了。

　　数据显示，仅仅到 2010 年的时候，美国的空间资产就已经突破了 6000 亿美元大关。这个数字是什么概念呢？就是说，基本上相当于美国在整个欧洲的资产总额。更为惊人的是，美国在空间产业上的投入与产出比，已经逼近了 1：10。而事实是，人们不得不承认，在这些目标的实现过程中，空间科学以及它的应用是极为重要的推动力之一，这已经是整个世界有目共睹的事实。显然，美国大量早期的空间科学成就，以及一些重要的应用研究成果已经完成了产业的转化。这种转化，也已经成为航天空间产业极为重要的组成部分。一些公开数据显示，美国因为空间计划成功而获得的技术转化，大约为美国的经济增加了 2 万亿美元。这个数字相信对全世界来说都是一个提醒，空间科学成就所蕴含的能量，对于一个国家而言该有多么重要。

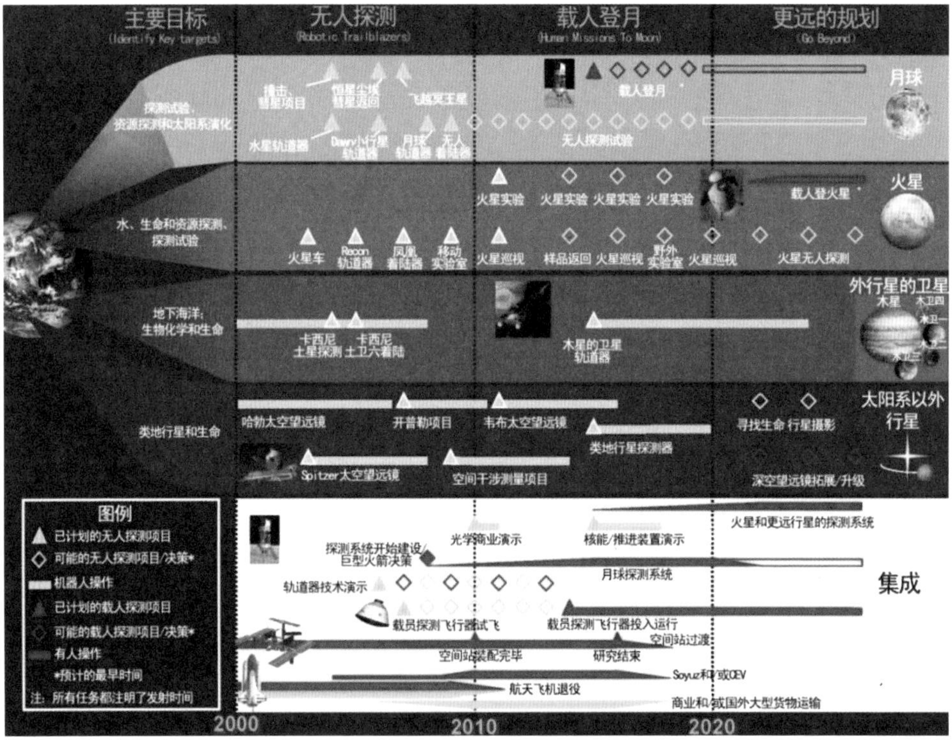

美国新太空政策下的探测计划，2006 年 10 月，美国新版《国家太空政策》出台。该政策称：“国家空间政策的目标是加强国家在太空的领先地位。”

让我们把视线拉回到我们美丽的中国。

中国现代的空间技术发展是令人惊喜的，也有了可喜可贺的成绩，但是作为一个有 14 亿人口的大国，仍然有很长的路要走。

回顾过去的历程，自 1975 年以来中国已成功发射了近 20 颗返回式卫星。这些卫星在完成主要任务的同时，还进行了多项卫星搭载实验，这些实验取得了很重要的结论，使得我们中国在空间材料科学等方面，取得了多项极为令人鼓舞的科学成果。而更为重要的是，通过对这些高技术成果的转移，还可以产生新的高技术的全新生长点。最重要的是，可以实现带动相关高新技术产业的进一步突破，这是航空航天事业对中国的重要意义。

此外，可以说还有更重要的，是什么呢？是关于空间所能提供的微重力、高真空等环境。这些全新的领域为中国重要新材料的研究与开发，提供了非常具体的无与伦比的客观条件，这在从前是几乎不可想象的。

而通过完全区别于地球的空间环境，对一些地面难以弄清楚的物理现象进行新的探索，以及用那些在空间进行的材料加工研究所得出的结论，反过来对地面材料的某些加工工艺进行指导、借鉴与参考，也是中国目前开展空间材料研究的重要目标之一。

同时，中国这个有 14 亿人口的农业大国，永远需要解决的是最基本的温饱问题。因此，中国对空间科学的探索中重要的一项就与农业密切相关。

中国的科研团队，从 1987 年起就已经用返回式卫星搭载植物种子到太空，并将回收来的种子在地面上进行种植、观察、选择和多代

▶ 2014 年珠海航展上展出的经航天育种的另类蔬菜。世界上只有美国、俄罗斯、中国成功地进行了卫星搭载太空育种。我国自 1987 年利用返回式卫星搭载植物种子以来，已成功进行了 30 次以上太空育种实验，先后培育出近千个新品种。

培育了。这无疑是在利用空间特殊的全新环境，来主动诱导植物性状发生变异。那么，这样做的目的是什么呢？答案只有一个，就是用来培育性状优良的农业新品种，以及创造新的种子资源。如今可以说在这几个方面已经取得了可喜的成果，但是未来仍然任重道远。

　　这些必要的时代与科技背景，同时也可以说是中国探月与深空探测的必需与缘起。中国几千年来的历史正是这一切的土壤，使得中国探月工程得以生根、发芽、破土而出，成长、开花、结出硕果。

　　而事实上，在中国科学院，我知道了更多更为庄严与壮丽的事情。比如关于中国探月，除了我们国家所面临的世界背景，对于一个人口众多的大国，还有更为重要的国家、民族层面的意义，甚至从某种程度上说，这个意义是这一工程得以实施的最为关键的内在因素。

　　那么，我们不妨就将这个核心要素进行一下系统整理，以使更多感兴趣的朋友了解我们的中国探月，对这个略显陌生、看似遥远的伟大工程有更深层次的认识。

三、月球探测的意义

第一，月球探测可以提升一个国家的整体深空探测能力，拓宽深空探测的维度与广度，丰富深空探测的天文内涵。

中国的月球探测工程，更加具有划时代的重大意义。因为正是这个工程，实现了中国首次对地球以外的星体和空间环境进行近距离科学探测的航天梦想。

探月工程的实施与成功，标志着月球探测作为我国深空探测计划的第一个发展目标，已经取得了"开门红"。同时，在开展月球探测工程的过程中取得的宝贵科学经验，还将为中国今后进行更大范围、更广维度的深空探测，提供非常重要的技术力量与科学铺垫，成为重要的不可替代的先决条件。而在世界范围内，这标志着中国的深空探测已经完全进入一个全新的划时代的历史阶段。

第二，月球深空探测，是对我国月球重要权益的庄严维护。

月球权益，是一个对绝大多数人而言都堪称相当陌生的概念，但是如今应该说越来越成为一个事关重大的国际概念。为什么这么说呢？因为月球的权益已经随着世界航天事业的整体发展，发生了重大变化。曾经，它也许只是一个空间概念，如今已成为一个背负众多含义的重要名词。

早在 1967 年 10 月 10 日生效的《关于各国探索和利用包括月球与其他天体的外层空间活动所应遵守原则的条约》（简称《外层空间条约》）就规定：探索和利用外层空间应为所有国家谋福利和利益；一切国家都可以不受歧视地、平等地、自由地进行外空活动。1984

年 7 月 11 日生效的《关于各国在月球和其他天体上活动的协定》（简称《月球协定》）中，根据当时的国际形势进行了明确规定，指出：月球及其之上的所有自然资源，永远是全人类的共同财产，任何国家、团体不得以任何理由据为己有。

但是，随着时间的流逝，随着当前世界上几个主要航天大国和组织的月球探测计划紧锣密鼓的实施，这个协议与规定，似乎越来越面临着非常微妙的挑战。早在 20 世纪 60 年代，时任美国总统肯尼迪说过一句名言："谁控制了太空，谁就控制了地球。"月球的资源、能源与特殊环境的开发利用前景和军事战略地位，推动了众多国家提出重返月球的规划与计划，美国、欧盟、俄罗斯、日本、印度等都制订了自己的重返月球计划，尤其是，鉴于月球是当代太空战的新军事平台，抢占太空以至月球等新的战略制高点对一个国家具有特殊的意义。随着各国探测能力的增强，也许未来的一切会出现新的变化与走向。

不言而喻，维护中国的空间利益已成为国家发展亟待关注的一个重要问题。在此大背景下，一个国家只有积极开展本国的月球探测，努力取得重要的具有世界意义的成果，才会在世界范围内具有令人信服的分享开发月球权益的实力，才有能力维护一个国家合法的不被侵害的月球权益，才有能力保障一个国家在国际上强有力的科学地位。

第三，月球探测是一个国家综合国力的体现。

月球探测这项昂贵而高端的工程，绝不可能是一个国力虚弱、民不聊生的国家可以完成的。能够实施它的国家，必定国力昌盛，有着相当高超的航天技术水平。而这一切条件，今天我们伟大的中国不都

联合国批准《外层空间条约》，无限期有效。该条约是国际空间法的基础，号称"空间宪法"。自 1967 年签署和颁布以来，已有超过 120 个国家成为该文件的签署者。我国于 1983 年 12 月加入该条约。

具备吗？因此，从这个层面而言，月球探测更是提升一个国家世界地位的科技载体。世界探月的历史也早已经证明了这两点。回望过去，人类波澜壮阔的载人航天史上从来不乏值得中国人永远铭记的时刻，也可以说正是那些特别的时刻一直暗暗激励着中国的每个科学家，才使得中国的航天事业在今天有了如此令世界震撼的成就。

20 世纪六七十年代的世界登月事业，可以说是一场航天竞赛。首先是美国通过实施"水星计划"，掌握了载人天地往返的基本技术，然后又通过"双子星计划"，掌握了载人登月所必需的舱外行走和交会对接技术的核心基础，并最终通过"阿波罗计划"，实现了载人登月的目标。计划最后停止无疑是因为当时的种种因素导致美国国力不足，70 年代美国陷入了越战的泥潭，可以说对国力消耗不小，"阿波罗计划"后续的系列登月计划也被取消，只保留了 1972 年的"阿波罗 17 号"登月任务。

　　与美国相比，苏联虽然在探月活动中没有取得美国那么高的成就，但也有很大的进展。而它最后失败的核心原因与美国相似，当时国家各方面都在发展建设中，对登月至关重要的 N-1 重型火箭，不但耗资非常巨大，更是连续几次试飞失败，加上后续资金不足，只好取消了载人登月计划。

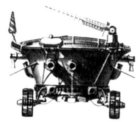

➥ 苏联成功发射的月球车示意图。

苏联的载人登月舱示意图。 ◖

回顾人类探月的历史可以看到，国力强弱对一个国家航天事业的重要性是不言而喻的。而近年来，随着国力的增强，俄罗斯已经重新把载人登月作为其长期的战略目标，开展了新一代载人飞船、重型运载火箭等领域的重点科研，也启动了"月球25号"的研制任务。同样，美国的月球计划也在随着社会发展发生相应变化。小布什政府时期制订的重返月球的"星座计划"，在奥巴马政府时期被取消，直到特朗普政府时期再次决定启动，并有意前往火星。美国的月球计划启动最早，也经历了多次反复，最终还是要取决于是否可以实现对月球表面的低成本造访，这是关键。

可见，国力永远是核心，更是一个国家国力发展水平的核心标志。

第四，月球探测是我国为开发利用月球资源做准备的重要科学基础。

目前人类已取得的月球探测成果充分表明，月球上被确认了的特有能源和矿产，其种类与体量储备是对人类赖以生存的地球资源的重要补充，这对于资源逐渐匮乏的地球而言无疑是非常珍贵的。

另外，月球具有高真空、低重力的特殊环境，这样的环境本身也是一种巨大的资源，因为这种环境能生产特殊强度、塑性等性能优良的合金和钢材，以及一些专业性极强的光导纤维、高纯度的特制药品等。

大量的材料表明，月球表面土壤中富含大量的氦-3，总量初步估计有上百万吨。而当前中国科学家们正在研究的一个重要课题，就是利用其进行核聚变发电。中国是人口大国，各种资源应该说都非常宝贵，甚至稀缺。想象一下，只需要8吨的氦-3，就完全可以解决全中国一年的能源供应，将是多么让人不可思议。

第五，月球探测工程决定性地促进了中国空间天文学研究进程。

月球环境的特殊性，决定了它是进行空间天文学研究最为得天独厚的科学场所，几乎是宇宙的造化。

我们来看一下，这个特别的场所是什么样的：首先月球表面的地质构造极其稳定，这就很特别。其次，月球因为没有大气层对光线和电波的吸收、散射和折射等干扰，直接承受着太阳的辐射。这在地球上几乎是不可想象的。同时，月球表面没有尘埃的污染，月球的背面也没有地球的光反射，因此屏蔽了地球的低频噪声，形成了非常独特的天文环境，而且月震也极其微小。最关键的是，月球有着比地球而言更为漫长的黑夜，这种环境为建造高精度天文观测台等提供了天然的环境。也就是说，月球几乎就是一个为天文进程而专门设定的理想空间，月球探测对中国空间天文研究的促进是关键而巨大的。

最后，月球探测对一个国家社会经济的可持续发展，也有着不小的促进作用。

以探月较早的美国为例，美国的探月成果之一就是获得了当时全然领先于世界其他国家的科技水平，而后，又通过对"阿波罗计划"工程技术的消化、优化和二次开发，获得了在信息、生物、新材料等领域同样高端的科学技术。

而今天的中国也是如此。在中国月球探测工程从最初的启动，到

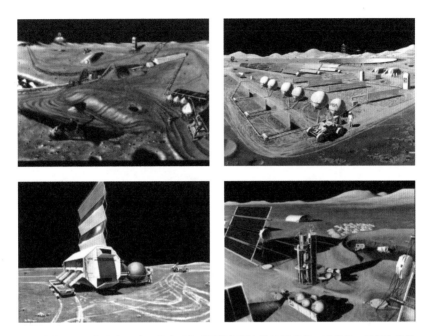

☙ 月球特殊的环境决定了建立月球天文观测站与研究基地精度高、造价低，运行与维护费用低，月球实验室可以研制特殊的生物制品和新材料，制造氧气，开发钛铁矿等。

"嫦娥五号"携带月壤成功返回这段时间里，这个工程已经带动了基础科学和高新技术日新月异的全面进步，这也同样是全世界有目共睹的，未来也必将对中国经济的发展产生极为重要的牵引和推动作用。

事实上，对于这样一项伟大的、具有世界意义的航天工程，我的描述还远远不够。我作为一个穿越到地球的仙子，认为它还有着更为了不起的人文意义：可以让神话与科学，在今天的时代交汇交互，相伴相生！

嫦娥工程：
以我之名

FLY

TO

THE

MOON

一、如此漫长而遥远的历程

我从来没想过我的名字能和几千年后一个伟大的现代神话联系在一起，当我第一次看到这份资料时，心里既感动又欣慰。这份资料是关于当年国际宇航界一个有趣笑话的。

据说在联合国于 1979 年讨论通过《月球协定》之前的某次国际宇航界会议上，当时的中国航天局局长栾恩杰对一位同仁介绍说，中国很早就有一个人到月球上生活了，而且是位女性。安理会另外几个国家的航天局局长都惊奇地睁大了眼睛。栾恩杰微笑着告诉他们："这位中国女性的名字叫——嫦娥！"与会代表们先是惊讶，接着报以热烈的欢呼和掌声。

自古以来，中国人就对月亮有着无数美好遐想。全世界都知道，在这个古老的东方国度，奔向月亮的嫦娥是世界上最早住进蟾宫的天仙，并从远古一直"活"到了今天。他们嘴上虽然赞叹，但在当年却不太相信一个落后的发展中国家有能力开发月球，"嫦娥奔月"只会是神话里的梦想。不久后通过的《月球协定》在宣布月球及其自然资源是"全人类的共同财产"的同时，还强调了"谁先利用它，谁就将率先获益"的规则。

也许正是从那一刻开始，在中国航天局局长栾恩杰的心中，就已经把中国未来的探月工程与"嫦娥"联系在了一起。它既是华夏儿女华赡沉厚的飞天梦想，也寄托着中国航天科技工作者矢志不渝的理想追求。

1990 年，日本成功发射了一颗小型月球探测器。消息传来，时

1991 年，日本宇航局发射了第一颗飞向月球的卫星"飞天号"（Hiten），它还携带了一颗小一点的月球轨道环绕器"羽衣号"（Hagoromo）。

任国家科委主任宋健给中国空间技术研究院院长打电话，询问研究院是否可以组织一下探月的论证。中国空间技术研究院科学技术委员会就此安排了研究。不久，航空航天部也召开了探月专题讨论会，从技术上探讨探月的可行性。此时，恰值发射通信卫星的长征三号甲火箭正在研制中，于是设计人员便想到利用首支火箭试验发射的机会来进行探月的尝试。他们的设想是，让首支长征三号甲火箭发射一个有意义的金属物体到月球上去，这个金属物体上将绘有中国国旗。但这个美好的设想最终没能付诸实施。

1995 年，在实施载人航天工程的过程中又出现了一次机会。国防科技工作者再度萌发了新的设想，想利用 1997 年发射"神舟"飞船的长征二号 F 运载火箭的机会，往月球上发送一颗具有简单功能的月球探测器。但这个设想最终也没有付诸实施。

为什么接连两次方案都没有得到批准呢？答案很简单，除了地月远距离测控能力不足等技术问题和经费问题外，一个重要的原因是，当时提出的探月方案没有明确、系统的科学目标和工程目标，也没有如何实施的阶段性和长远发展的连续性。

此时已任全国政协副主席、中国工程院院长的宋健给中国科学院长期从事月球研究的欧阳自远写信，鼓励科学家们开展月球探测发展规划、方案设计和科学目标的研究，专门嘱咐说"月球探测一定要有明确的科学目标"。之后，中国航天有关研究院和中国科学院的专家学者，围绕"我们为什么去月球""我们去月球干什么""我们怎样去月球"等问题，迈出了翔实论证的步伐。

1995年，国家"863计划"航天领域专家委员会提出并下达了"我国开展月球探测的必要性和可行性研究"课题。专家学者们经过一年多的论证工作，形成了第一套比较完整的论证报告，其中包括《中国开展月球探测的必要性与可行性研究》《月球卫星技术方案可行性研究》《月球卫星工程关键技术研究》等。他们通过分析国外月球探测活动发展状况，研究了我国开展月球探测的必要性，阐明了我国月球探测任务和第一阶段绕月探测的科学目标，论述了我国已经具备的条件，提出了需要攻克的关键技术，甚至规划了第一颗月球卫星的设计方案。他们向栾恩杰表示，要拿出当年进军南极的气势，使我国早日加入月球国家的行列。

1998年，国务院机构改革后新组建国防科学技术工业委员会（简称国防科工委）作为航天工业的政府主管部门。成立伊始，它就以高效的管理和有力的措施，迅速组织精兵强将正式开始规划论证月球探测工程。参与论证的空间科学家们认为，我们不能只用外国科学家的二手资料，要有自己独立的空间探测计划。作为一个航天大国，科学家们热切地呼吁加大对"深空探测"处女地的开发。

2000 年 8 月，中国科学院组织专家论证会，顺利地评审通过了"月球探测卫星科学目标及有效载荷"研究成果，这也标志着中国探月一期工程科学目标正式确立。中国探月一期工程所确定的科学目标有四项，即绘制月面三维主体影像图、分析月球表面 14 种元素的含量和分布、探测月球土壤的表征与厚度、探测地月空间环境。

2000 年 11 月 22 日，政府首次发布航天白皮书《中国的航天》，明确了近期发展目标中包括"开展以月球探测为主的深空探测的预先研究"。中国航天领域的战略家们，以富有远见卓识的目光和"大战略"思维，开始谋划中国航天飞向深空、探测月球的美好愿景。经过缜密思考和长期研究，科学家们对我国月球探测工程的科学目标也基本形成了比较清晰、统一的认识。

2002 年 8 月，首届深空探测会议委托孙家栋院士协调构建探月工程框架。孙家栋与栾恩杰一起围绕月探测工程总体方案和五大系统的确定，召集了全国精干的航天工程技术人员和月球科学家，对探月一期工程——绕月探测进行了为期一年多的综合论证。由于这是前所未有的复杂工程，要统筹兼顾，譬如，不但要确定使用哪种运载火箭和卫星平台，还要解决怎样实现 38 万千米距离的精确测控、选取怎样的奔月轨道、新增测控手段能否追踪 38 万千米外的月球探测器等各种工程技术和理论问题，还有如五大系统及各大分系统之间的组织与协调等。孙家栋以他领导完成我国 30 多颗卫星研制工作的丰富经验，注重发扬技术民主，积极引导科技人员发挥集体智慧和力量，善于将系统工程理论与重大工程实践相结合，终于将一个锐意创新的绕

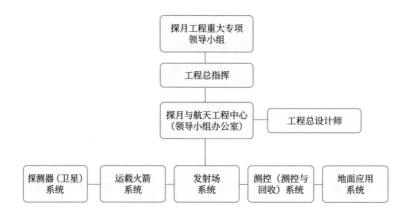

● 我国探月工程组织体系。绕月探测工程由卫星、运载火箭、发射场、测控和地面应用五大系统组成，相应地，我国探月工程的组织体系也依照此构建。

月探测工程总体方案呈现于众多两院院士面前。

　　2003 年年底，在宋健院士的推动下，中国工程院召开了我国月球探测工程院士座谈会，宋健、徐匡迪等 20 多位院士听取了栾恩杰、孙家栋对绕月探测工程方案的介绍，欧阳自远对绕月探测工程科学目标的介绍。时任中国工程院院长徐匡迪说，中国工程院将全力支持我国开展月球探测活动，协助国防科工委推动探月工程早日立项。探月是破解生命起源、拓展人类生存空间和探索未来领域的重要环节。

　　到 2004 年 1 月绕月探测工程申报国家立项时，众多的国防科技工作者已经脚踏实地为推动工程立项做了大量科学、缜密而细致的准备工作。同时，这些工作得到了解放军总装备部、科学技术部、中国科学院、中国工程院、中国航天科技集团公司的大力协助，以及全国科技界的广泛支持。

2004 年 1 月 23 日，农历大年初二，是一个值得在中国航天史上留下重大印记的日子。这一天，时任国务院总理温家宝批准了国防科工委、财政部《关于绕月探测工程的立项请示》。

经过近 40 年的研究，近 10 年的酝酿，绕月探测工程终于得以立项。随后，中国月球探测工程被正式命名为"嫦娥工程"，全面启动。两年之后的 2006 年 2 月，国务院颁布了《国家中长期科学和技术发展规划纲要（2006—2020 年）》，明确将"载人航天与探月工程"列入国家 16 个重大科技专项。这真的是太令人激动了！对于探月工程而言，这无异于一个天大的好消息，更像催人奋进的号角，中国的探月工程从此进入一个飞速发展的历史阶段。

必须承认，尽管我从远古穿越而来，尽管我对今天的中国仍然处在了解的过程中，但是回首过往的一幕幕，我依旧百感交集，激动不已。这样漫长的历程中，饱含着多少科学家的拳拳之心？时任国防科工委副主任兼国家航天局局长栾恩杰，75 岁高龄的"两弹一星"元勋孙家栋，"嫦娥之父"、中国探月工程首席科学家欧阳自远……这些探月史上闪闪发光的名字，无不令人感动至深，肃然起敬。

是他们和更多无名英雄，对理想不屈不挠的信念与坚持，对科学理想而纯粹的热爱，对祖国航空航天事业的庄严深情，才终于赢得了立项的可能与最后的成功，才使得这项人类伟大工程的大幕，得以徐徐拉开！

二、中国探月"五姐妹"

从激荡澎湃的立项过程中一路走来，一定有人特别想了解探月工程的具体情况吧？中国探月工程也叫"嫦娥工程"，是中国自主对月球发起的探索和观察。2004 年，栾恩杰受命担起中国探月工程首任总指挥的重担。他邀请老朋友孙家栋院士和欧阳自远院士加入，三位白发老者组成了中国探月工程的"三驾马车"。这项工程计划将月球探测分成"绕"（绕月）、"落"（物体登月）、"回"（物体登月并采样返回地球）三个阶段。完成了这三个阶段的任务以后，中国再考虑实施载人登月。

▶ 中国月球探测的发展战略与长远规划，分为三个阶段的任务。

让我们走进中国探月工程的内部，看一下它的详细规划吧。

绕：2004—2007 年（一期）研制和发射我国首颗月球探测卫星，实施绕月探测。

落：2013 年前后（二期）进行首次月球软着陆和自动巡视勘测。

回：2020 年前（三期）进行首次月球样品自动取样返回探测。

由此开始，我的五个分身即将一一登场。我常常骄傲地将五个分身代入自己，也因此格外牢记它们的使命：

绕月探测工程立项后，绕月探测工程领导小组将第一颗绕月卫星命名为"嫦娥一号"。"嫦娥一号"卫星应该说是我的第一个分身。它由中国空间技术研究院承担研制，主要使命有两个：第一，获取月球表面珍贵的三维影像；第二，分析月球表面有关物质元素的分布特点、探测月壤厚度、探测地月空间环境等。怎么样，很重要吧？

2007 年 10 月 24 日，"嫦娥一号"卫星发射，完成月球捕获后，实现中国自主研制的卫星进入月球轨道并获得全月图。在轨有效探测 16 个月，2009 年 3 月成功受控撞月。

很快"嫦娥二号"卫星也诞生了，也就是我的第二个分身哦。她是中国的第二颗探月卫星，是大姐"嫦娥一号"卫星的人造太阳系小行星，同时还肩负着更重要的使命，那就是中国探月工程二期的技术先导星。感觉它就像先头部队一样，被称为中国第一颗探月卫星"嫦娥一号"卫星的备份星。

轮到我的第三个分身"嫦娥三号"登场了！它的名字有了新的变化，已经从卫星变为探测器。它是中国第一个月球软着陆的无人登月探测器。"嫦娥三号"探测器由月球软着陆探测器和月面巡视探测器——"玉兔号"月球车组成。

"嫦娥四号"是三号的备份星，主要任务是在三号着陆月球表面后完成新的任务，由它进行接下来更加全面的科学探测，获取月球地质、资源等方面的更丰富的信息，然后与之前的三个卫星共同完善月球的档案资料。它的结构基本变化不大，仍旧分为着陆器和巡视器两部分，唯一不同的是，它的着陆点是在月球背面。由于月球自转、公转周期相同，因此月球永远有一面一直是背对地球的，这让背面的探测难度变得非常大，但同时它的科研价值也更高。也就是说，从"嫦娥四号"开始，中国探月的范围领域已经有了根本性突破。

总体来说，"嫦娥二号"到"嫦娥四号"卫星共同完成了工程第二期"落"的主要任务。我怀着兴奋的心情记录下了它们一次次给我带来的震撼：

"嫦娥二号"于 2010 年 10 月 1 日发射成功，在顺利实现月球捕获后，开展了多项科学探测，并为后续"嫦娥三号"任务验证了部分关键的核心技术。"嫦娥二号"卫星的工程目标，相比起一号而言就复杂了很多。它将卫星直接送入地月转移轨道，很好地降低了二期工程后续任务的实施风险。它的测定轨数据对深入研究月球重力场分布、提高重力场模型精度有重要意义。它还利用预案着陆区月表图像，绘制三维地形图，有利于定量评估预选着陆区的特性，提高后续着陆的安全性。这些专业的术语和理论，我并不能看懂，但是作为一种意义，我确定必须将这些记录下来。不过也请允许我偷个懒，后面一些我就写得简单通俗多了，想更深入地了解，请你们查阅专业资料吧。

2011 年 6 月 9 日，"嫦娥二号"完成预定任务后飞离了月球轨道，并继续开展日地拉格朗日 L2 点探测和图塔蒂斯小行星飞越探测等多项拓展试验，成了骄傲的绕太阳飞行的人造小行星，距地球已经超过了 9000 万千米！按照现在的数据来预计，二号仙子将于 2029 年再次飞回地球附近 700 万千米处。想一想真的是太神奇了！

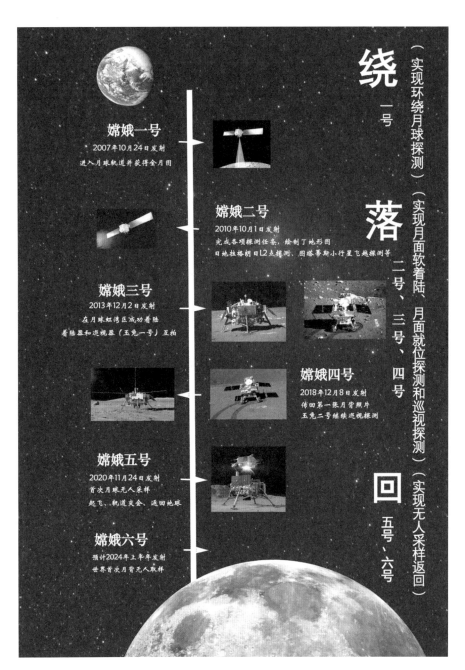

绕 一号（实现环绕月球探测）

嫦娥一号
2007年10月24日发射
进入月球轨道并获得全月图

嫦娥二号
2010年10月1日发射
完成各项探测任务，绘制了地形图
日地拉格朗日L2点探测、图塔蒂斯小行星飞越探测等

落 二号、三号、四号（实现月面软着陆、月面就位探测和巡视探测）

嫦娥三号
2013年12月2日发射
在月球虹湾区成功着陆
着陆器和巡视器（玉兔一号）互拍

嫦娥四号
2018年12月8日发射
传回第一张月背照片
玉兔二号继续巡视探测

嫦娥五号
2020年11月24日发射
首次月球无人采样
起飞、轨道交会、返回地球

嫦娥六号
预计2024年上半年发射
世界首次月背无人取样

回 五号、六号（实现无人采样返回）

❤ 五位"嫦娥"先后奔月，期待第六位开启新的旅程。

　　"嫦娥三号"于 2013 年 12 月 2 日成功发射，完成地月转移、绕月飞行和动力下降后，于 12 月 14 日在月球虹湾预选着陆区安全软着陆，巡视器成功驶离着陆器并互拍成像，实现中国航天器首次地外天体软着陆与巡视勘察。"嫦娥三号"卫星探测器携带的 8 台科学仪器，开展了多项科学探测与巡视勘察，获得大量科学探测数据，实现了预定科学目标。

　　最令我开心的是，我的小玉兔也登场了！"玉兔号"月球车也就是巡视器，在月球上第一次留下了中国的足迹，并于 12 月 15 日向地球传回了首张照片，照片上鲜艳的五星红旗让整个中国欢欣鼓舞。2016 年 7 月 31 日晚，"玉兔号"月球车超额完成任务停止工作，着陆器状态良好。"玉兔号"预期服役 3 个月，时间过去了两年半多，也是超长服役两年多，一共在月球上工作了 972 天。

　　"嫦娥三号"创造了全世界范围内在月球工作时间的最长纪录。它拍摄的精彩的月面照片已经向世界公布，这些照片已经被认为是人类时隔 40 多年后，首次获得的最清晰可见的月面照片。照片中包含了大量珍贵的科学信息。更了不起的是，这些照片和数据已经向全球免费开放了，我们的中国，已经以航天科技大国的气度向全世界实现了探月成果的共享。

　　"嫦娥四号"于 2018 年 12 月 8 日成功发射升空，于 2019 年 1 月 3 日在月球背面的预选区稳稳着陆，1 月 11 日完成两器互拍的相关工作计划，进展非常顺利，令整个世界为之惊叹。截至 2023 年 1 月 18 日，"嫦娥四号"登陆月背 4 周年，工况正常，"玉兔二号"月球车累计行程约 1500 米，创造了多项举世瞩目的成绩。

北极
冷海
虹湾
吕姆克山脉
雨海
澄海
危海
开普勒
暑湾 气海
哥白尼
风暴洋
静海
丰富海
酒海
云海
湿海

➥ 截至 2023 年我国共有三个月球探测器在月球着陆，其中，"嫦娥三号""嫦娥五号"在月球正面着陆，"嫦娥四号"在月背着陆。

　　在前面四个卫星实现了对月球正面和背面的系统探测后，最关键的时刻来了！就是战功赫赫的"嫦娥五号"。之所以用战功赫赫来形容，是因为它的任务是探月工程中最为核心的第三步：采样返回。它由国家航天局组织实施研制，是中国首个实施无人月面取样返回的月球探测器，也是中国探月工程最为重要的收官之战。

2020 年 11 月 24 日凌晨，长征五号遥五运载火箭搭载"嫦娥五号"成功发射升空。"嫦娥五号"着陆后，着陆器进行了月面软着陆，并自动进行了月面采样、样品封装等一系列操作，成功将样品由着陆器的上升段携带升空进入月球轨道，与环月轨道上的轨道器对接，并将样品转移到返回器上。最后轨道器携带返回器被点火启动，从环月轨道直接返回地球。返回器将在再入大气层前分离，最后降落在中国北方的内蒙古草原上。

12 月 17 日凌晨，"嫦娥五号"返回器携带月球样品着陆地球凯旋！老五这一次真正堪称中国深空探测史上最为浓墨重彩的一笔，这次的任务是中国探月工程的第六次任务，也几乎是截至 2020 年 12 月，中国航天最复杂、难度最大的任务之一。但是老五不负众望，不仅仅是出色，而是几乎完美地实现了中国首次月球无人采样返回，宝贵的月壤，更是为世界范围内对月球成因和演化历史等科学研究，推进了最为关键的进程。

2020 年 12 月 17 日凌晨，在内蒙古四子王旗，寒风凛冽的茫茫雪原上，当时的最低气温已经逼近零下 30 摄氏度。这里就是"嫦娥五号"的预定着陆点，覆盖着 10 多厘米厚的积雪，恶劣的极寒天气挑战着人类承受能力的极限。但是这个凌晨的四子王旗却热闹非凡，人们在激动和焦急中盼望着看到老五的身影。

1 时许，北京航天飞行控制中心通过地面测控站向"嫦娥五号"轨道器和返回器组合体注入高精度导航参数后，轨道器与返回器在距南大西洋海平面高约 5000 千米处，完成了正常解锁分离，轨道器按计划完成规避机动。一系列过程仅仅用时 47 分钟，简直就是行云流水，一气呵成！而返回器经历了两次"打水漂"后，在印度洋上空画出一条神奇的弧线，由低到高，飞行高度始终在自身控制下。最终老五在喜马拉雅山脉上空进入中国领空，之后一路飞越青藏高原，跨过河西走廊，在地面的精准监测下，完美降落在预定着陆场——四子王旗！一个具有里程碑意义的时刻，定格在凌晨的1点59分，"嫦娥五号"历时23天成功返回，这次壮丽宏大的探月计划完美收官！极寒的四子王旗沸腾了，全体中国人沸腾了，整个世界为之欢呼！这一刻，"嫦娥五号"返回器，真的宛如神话中的仙子一样，携带月球样品成功在地球上着陆。细细算来，在过去的23个日夜里，"嫦娥五号"一共完成了1次对接、6次分离、2种方式采样、5次样品转移，经历了11个重大阶段和关键步骤，环环相连、丝丝入扣。这样复杂而严谨的流程，几乎真的就如神话一样！

　　曾经几百年前万户朴素而悲壮的航天理想，以及上古时我对月亮的无限向往，在今天，在一个伟大的国家，伟大的时代，在无数探月人的呕心沥血之下，终于实现了。

　　此刻，我已经毫不怀疑，中国人就是这世界上最早萌发飞天探月

2022年，世界首幅1:250万月球全月地质图发布，该地质图以中国嫦娥工程数据为基础，充分利用了国际上其他月球探测数据和研究成果，其要素主要包括12341个撞击坑、81个撞击盆地、17种岩石类型、14类构造等。

梦想的伟大民族。从我开始，就有了"嫦娥奔月"的古老传说，而更加美轮美奂的敦煌飞天壁画，那些画中和我一样的飞天仙子们，无不透露着中国这个古老的东方民族，对探索太空从古至今的无限向往。今天的科技工作者们，这些时代的栋梁，堪比神话中的英雄。是他们通过坚持不懈的探索和研究，实现了几千年的飞天探月梦，也标志着中国这个伟大的国家，在军事、科研、资源、宇宙探索等领域，已经有了最为壮丽的突破。

由此，中国探月工程也当仁不让地成为第四个中国航天里程碑。

可以说，就是在这样的背景下，中国的探月工程有了最为关键的启蒙。

也正是这样的启蒙，才有了之后无比绚烂的当代神话。

看吧，我的激动总是难以掩饰。没错，每当说起这一切，我的确足够充满激情。因为这些活生生的世界"新神话"，对古老神话的呼应与冲撞，真的也许只有我会格外感到震撼。这些"新神话"的历程，我能深深理解其间的跌宕起伏与波澜壮阔，而那些创造这些"新神话"的科学家，他们也绝对有理由被称为科学世界的"创造神"！

神仙似的
"三驾马车"

第 五 章

一、我的"当代父亲"——欧阳自远

"古往今来，不知道有多少诗词歌赋赞美月亮。中国的小孩子三岁开始背唐诗，第一首往往就是李白的《静夜思》："床前明月光，疑是地上霜。举头望明月，低头思故乡。"月亮在中国文化中一直是和谐、温馨的象征。中国人对美好的向往是什么？四个字：花好月圆。

"嫦娥是中国的月亮神。全世界各个国家和民族里数一数，至少有二十多位月亮神。古希腊有，古罗马有，古印度有，古埃及也有。日本的月亮神叫 KAguya（中文译名为辉夜姬），是一位敢于抗拒皇权的美丽女子，她曾经孤独地驾驶天车奔向月宫。

"当年日本探月工程的首席科学家曾对我说，你们中国的探月工程名字取得好，'嫦娥工程'，一听就知道和月亮有关。而嫦娥者，中国人也。日本的探月工程叫'月亮女神工程'，天知道她是谁啊？！现在他们也改了，叫'辉夜姬工程'。但有一点，全世界的月亮神都是女性，表明自古以来人们对女性的崇拜和依恋，可见人们对月亮的想象都是充满温情的。

"地球是人类的摇篮，但人类不能总待在摇篮里。

"科学从来不是冷冰冰的，它的样子甚至迷人得有些可爱。

"奔向另外的天体，找到另外的栖息地，是人类的梦想，中国要飞得更远。我们不只是探测月球，2020 年，我们还将开始火星探测，未来我们还要探测整个太阳系的行星。大家对此都很有信心，只是需要很漫长的时间。"

这些深情隽永，令人振奋、令人感动、令人荡气回肠的话语，出

陈少梅绘《月下游赤壁图》，描绘了一幅恬淡澄澈的月下风景，展现了中国古人与月亮的不解情缘。

▰ 左上，希腊神话中的狩猎和月亮女神阿尔忒弥斯；
　　右上，印度月神昌德拉（苏摩）；
　　左下，日本月亮女神辉夜姬，最后的浮世绘师月冈芳年绘；
　　右下，埃及壁画中的月神孔苏。

古罗马月亮女神狄安娜，蓬佩奥·巴托尼绘。

自同一个人，他的名字叫欧阳自远。

我们来看看他是谁：中国探月工程首任首席科学家，中国科学院院士、第三世界科学院院士、国际宇航科学院院士，中国科学院地球化学研究所研究员，国际院士联合体第一主席。源于从 2003 年开始负责中国探月工程，欧阳自远院士被人们亲切地称为"嫦娥之父"。

说起这位了不起的科学家欧阳自远，我，从遥远的广寒宫来到地球的仙子，不由得感慨万千。除了他的功绩，当然这一切更源于一种神秘的情感，因为在我心中，我已经把这位了不起的科学家认定为自己的"当代父亲"。

欧阳自远，1956 年毕业于北京地质学院（现中国地质大学），

1960 年中国科学院地质研究所矿床学专业研究生，先后任中国科学院地球化学研究所助理研究员、副研究员、研究员、副所长，中国科学院资源环境科学局局长等职。拥有众多身份、众多头衔的欧阳自远，长期从事地球化学、天体化学、比较行星学、地外物体撞击地球诱发生态环境灾变与生物灭绝等方面的专业研究，成果显著，成绩斐然，获得过全国科学大会奖、国家自然科学奖三等奖、中国科学院科学技术进步奖一等奖、中国科学院自然科学奖一等奖等众多国内国际奖项，在航天领域有着举足轻重的科学贡献。

这位如今已年近九旬的天体化学与地球化学家，中国探月工程首任首席科学家，"嫦娥工程"的功勋级将帅，让我只要在资料上看到他的名字就无比激动。他与探月工程的渊源，那些不平凡的经历，每一次回望时都令我肃然起敬。现在让我们再次回到过去的时光，重温他与探月工程的深厚渊源。

1957 年，苏联发射了世界上第一颗人造地球卫星，并向世界宣告了人类空间时代的到来。这个消息的出现，让当时年仅 22 岁的欧阳自远，第一次感到了一种无比强大的心灵震撼。

从 1958 年开始，美国和苏联相继开始探测月球，共发射了上百个月球探测器，进行了各种类型的月球探测活动。美国先后实现了六次载人登月，应该说在两个大国的角逐中，取得了最终的胜利。而那时，新中国刚刚成立十来年，各行各业百废待兴，经济上更是一穷二白，很多领域都处于停滞中，更不用说需要很高科技水平的航天事业了。

这一切可以说让欧阳自远的内心焦急又无奈。但可贵的是，眼前的困境并没有让年轻的他热爱航天的热情消退，他的目光更加没有被眼前的困顿所局限，心中有着远大志向的他，始终将目光投向遥远的月球与更远的宇宙、更远的深空，并由衷地认为，人造地球卫星的成功发射，意味着人类对太空的研究进入一个全新的实质性阶段。中国如果在这个崭新领域落后于人，必将成为民族最大的憾事。他心中满怀坚定的信念，坚信中国未来一定会像其他领先的国家一样，进入空间时代。而最为可贵的是，从那时开始他已将心愿转化为行动，因为他要为中国空间时代的到来，早日做好各种各样的准备。

说干就干，就在那一年他从收集整理和综合分析研究美、苏探测月球与行星的科学目标、技术路线、载荷性能和探测成果开始，到研究各类地外的物质，如陨石、宇宙尘埃、月球和火星的岩石等，之后他又一马当先建立起相关的实验室，并着力培养年轻一代的科学家，一切都在有序而踏实地推进。年轻的科学家欧阳自远，结合当时的中国国情，认真严谨地梳理着中国未来开展月球和火星探测的各种战略目标、形势发展的步骤，以及相关的系列规划。这一切可以说在当时是极为具有划时代意义的举措，也可以说是为中国探月拉开了大幕。

也许那时参与其中的人们并不知道，这一切对未来的中国探月意味着什么，更不会想到这些准备工作一干就是 35 年。经过几十年如一日的持续努力，时间来到了 1993 年，这一年，经过充分而漫长的论证准备，欧阳自远正式向国家提出了"开展中国的月球探测"设想。事实上，仅仅这样的设想在当时已经堪称一个划时代的行动，不久以后，"中国开展月球探测的必要性与可行性研究"被纳入国家"863计划"。从某种意义上来说，中国就是从那时起迈出了探月计划的真正步伐。这还仅仅是一个开始，之后，"中国月球探测的发展战略与长远规划""月球探测卫星的总体方案"等项目的研究也开展起来。一个伟大的工程又向前迈进了。

转眼到了新世纪的 2003 年，这一年的 2 月 28 日，对于欧阳自远来说是一个非常重要的日子，因为这一天他被任命为中国探月工程首席科学家。

那是在国防科工委召开的月球探测工程预发展会议上，中国正式对外宣布月球探测工程进入了实质性的预发展阶段，任命欧阳自远为中国探月工程首席科学家，同时宣布正式成立由栾恩杰、孙家栋和欧阳自远三人组成的领导机构，这个机构的主要职责就是负责探月工程预发展阶段的相关事务工作。这个会议之后，为探月工程准备了几十年的欧阳院士，在古稀之年庄严步入了令世界为之瞩目的"中国探月轨道"。而我也可以说，从那时开始，我的"当代父亲"，他离我的月宫越来越近了！我会情不自禁地想到，在各种资料中读到的他几十年来丰富、励志而意义非凡的人生。

江西古城吉安，被称为山水福地、文风荟萃之地，现在更是被称为"中国革命的红色摇篮圣地"。据说 1935 年 10 月欧阳自远出生的时候难产，是医生借助产钳才把这个婴儿平安迎接到世间的。据说他出生时，当时正在念书的舅父恰好念到了《论语》中那句"有朋自远方来，不亦乐乎"，又联想到他的出生这么不易，于是舅父就说，这个孩子肯定是来自一个遥远的地方，我们就为他取名"自远"吧！就这样，一个在未来注定不同凡响的名字"欧阳自远"，在吉安古城安家了。接下来，他的人生，果然如同这个脍炙人口的名字一样，开始了不凡的历程。

　　就让我由自己对他的一次秘密探访开始，进入他与"嫦娥工程"独特的世界吧。我是仙子，总有一些神通的，也因此我们的对话可能更加富有个人色彩。

　　我们的对话从 2014 年国际小行星命名委员会将第 8919 号小行星命名为"欧阳自远星"开始，当时他被国内主流媒体称为"嫦娥之

20世纪80年代末90年代初，◖ 欧阳自远收集37千米平流层中的宇宙尘与哈雷彗星尘埃，培养了一支天体化学研究队伍。

父"。我这个嫦娥仙子，当然明白"什么什么之父"是一种修辞手法，但是我隐约觉得，为什么是他被称为"嫦娥之父"？接下来，好奇心战胜了得失心，我发现古往今来中国人曾难以企及的奔月梦，因为"嫦娥工程"似乎变得很近很近。所以我愿意先研究一下，他为什么会得到如此的赞誉。

我发现追根溯源起来，欧阳自远原本可是中国科学院一名地质学家，那他后来怎么迷上探月了？这话还得从 20 世纪 50 年代说起。

1952 年，为了建设社会主义工业现代化的国家，国家急需矿产资源，"唤醒沉睡的高山，献出丰富的宝藏"。刚刚高中毕业的欧阳自远，怀着满腔热情报考了北京地质学院矿产地质勘探专业。5 年后，还在中国科学院地质研究所读研究生的欧阳自远，被苏联发射第一颗人造卫星的消息震撼了。年幼时对天象着迷、想要了解地球之外更遥远的太空的渴望被彻底唤醒。他朦胧地意识到，跳出地球、站在宇宙空间的角度做研究，是未来科学探索的一个重要领域。

但是，他暂时还在从事自己的地质勘探工作。一方面，他自己的知识并没有那么丰富扎实；另一方面，干一行专一行是那时候普遍的社会认知。后来，因为专业能力强，他被国家指派去执行秘密任务，为我国的地下核试验选择原子弹爆破点。经过不懈努力，他十分圆满地完成了任务，因为能力突出，留在了中国科学院担任研究员。而此时，距离他听到苏联卫星上天，已经过去了 14 年。那是 1971 年，他 36 岁。

正是年富力强、思想成熟的好时候。

埋首地质的欧阳自远，一直没有忘记心中的梦想。他早在 1960 年起就率先开始系统研究各类地外物质（陨石、宇宙尘、月岩等），一有时间就关注国外探索太空的新进展。他一直在等待机会，踏踏实实地为中国跨进空间时代做准备。

意之所向，心之所往。

1976 年 3 月一颗陨石撞进了大气层，化作陨石雨落到吉林市近郊。欧阳自远被派去带队做勘测。这让研究了二十多年地球物质的欧阳自远非常激动："这些石头好歹是天上的，我研究它们，等于是为探测月球、探测火星做准备。"

两年后的 1978 年，幸运之神再一次眷顾了欧阳自远。那年，美国国家安全事务顾问布热津斯基访问中国，带来一件特殊的礼物："阿波罗"登月取回的月球岩石样品。国家领导问有没有谁能鉴定一下，有人说中国科学院有个叫欧阳自远的研究过吉林陨石，反正都是天上的东西。因此，欧阳自远得到了研究这块月球岩石的机会。

我听到这里时心情和当时的欧阳自远一样激动，他是中国第一个研究真正的月球岩石样本的人啊，我们的渊源原来是从这里开始的。《礼记·中庸》里说，凡事预则立，不预则废；法国著名微生物学家路易斯·巴斯德也说，命运总是垂青有准备的人。欧阳自远能得到研究机会，并不是源于幸运，而是源于他一直坚持自己的梦想，兢兢业业做好了手中的事情，脚踏实地地刻苦钻研，这才能在机会来临时，一展所学。否则，谁会想起有个研究陨石的人叫欧阳自远呢？

欧阳自远小心翼翼地取了一半岩石样本，花了四个月的时间，组织全国十多家单位的科学家一起对只有 0.5 克的小石头进行了全方位的解剖，最后确认了这块岩石样品是"阿波罗 17 号"采集的，并就采集地点、采集地是否有光照等发表了意见。他们完成的几十篇学术

▶ 1978 年在中科院地球化学研究所实验室内，欧阳自远砸开嵌在有机玻璃内的"阿波罗17号"岩石样品。嵌在有机玻璃中的月岩看起来有拇指大，砸开后只有一粒黄豆大小。

论文，得到了美国人的赞许。

　　此后，欧阳自远的研究从地质转向天体化学，航天梦彻底被点燃。他写了不少书和文章介绍月球探测、火星探测的相关知识，时刻关注其他国家太空探索的脚步，一心期待中国的太空探索能发展起来。足足研究了十几年，他终于提出了自己的"飞天计划"。因为是地质研究出身，他会谨慎地论证每一种可能性，用事实和数据说话。他一步步完善自己的梦想，着力解决论证方案、长远规划、具体设计的每个具体问题，让整个计划看起来务实而可靠。

　　当时，美苏探月竞赛已经辉煌不再，中国要开展探月工程，是不是在"烧钱"？是不是"瞎折腾"？各种质疑不绝于耳。

　　欧阳自远是不会轻易放弃的，他带领一些志同道合的科学家做研究、写报告、开讲座、提建议……时间一年年过去，人一年年老去，中国探月工程的基础却越加坚实。

　　终于，2004 年"嫦娥工程"正式启动，中国开始了梦寐以求的探月之旅。三年后的 11 月 5 日，当听到监测中心的工作人员宣布"嫦娥一号卫星第一次近月过程正常，已顺利进入 12 小时环月轨道"时，"嫦娥工程"的首席科学家欧阳自远、总指挥栾恩杰、总设计师孙家栋，三个加起来两百多岁的老头喜极而泣，多少年的心血和期望在这一刻得以实现——我们真的到月亮上去了。

　　正是在欧阳自远和像他一样热爱探月工作的科学家们的共同努力下，"嫦娥工程"顺利推进。从 2007 年"嫦娥一号"传回第一张月球地图，到 2013 年"嫦娥三号"着陆器和"玉兔号"月球车一道登上月球，他们殚精竭虑，任劳任怨，只为获得越来越高水平的发现成果。2018 年，中国的月球探测器再次出发，"嫦娥四号"带着"玉兔二号"首次开启了人类登陆月背的旅途。

　　欧阳自远曾在演讲中说，外星人基地、金字塔、巨石阵都是不存在的，"嫦娥四号"要亲自到月背去看一看就能辟谣了。"我们之所以要登陆月球背面，是为了接收这些蕴藏着很多宇宙、天体秘密的信息。通过月球，去认识宇宙。"但是，这中间的困难也是显而易见的。因为月球背面会屏蔽来自地球的无线电通信，信号被遮挡，发不出来，就无法将照片和资料传回地球。也正是源于这一点，至今还没有国家尝试登陆月球背面。

　　为了解决这个问题，欧阳自远和同事们研究分析数据，理清重点和难点，想出各种办法，率先模拟实验。最终他们确定使用"中继卫星"作为月背和地球之间的使者，并给它取了一个别具中国文化特色的名字——鹊桥。

　　中国古代神话故事为我们提供了丰富的营养，牛郎织女鹊桥相会的故事，陪伴着欧阳自远这一代科学家成长，也是中国人耳熟能详的故事。"鹊桥"，真是个美好的名字。2019 年 1 月 3 日，"嫦娥四号"在月球背面软着陆，并通过"鹊桥"传回了第一张近距离拍摄的月背影像，国内外媒体的热情顿时被点燃了，美国国家航空航天局称，这是一项令人吃惊的成就。

　　此时的欧阳自远，已经 83 岁了。七十古稀，八十耄耋。他仿佛又回到了孩子一样的纯真年代，自信而乐观地说："我要做的事情太多了，下一站，火星见！"

　　从见证苏联卫星升空到亲自指挥中国自己的"嫦娥"探月，六十多年间，欧阳自远亲自参与了中国太空探索的每一步，完整走过了一甲子的光辉历程，是当之无愧的中国航天的奠基人。

　　"科学从来不是冷冰冰的，它的样子甚至迷人得有些可爱。"欧阳自远始终这么认为。他对科学探索的兴趣、对中国航天的热爱，使他即使被岁月打上了痕迹，却依旧备显年轻。我是怀着怎样的感情与这位可敬的老人对话的？他的经历一次次让我感动，因为他如此跌宕起伏、惊心动魄的生命与科学历程，因为漫长而遥远的中国"奔月梦"在今天奇迹一样的实现，因为高龄却信心满满的"嫦娥之父"的傲人风采。每次想到他那句"下一站，火星见"，我都会情不自禁地湿了眼眶。我的"当代父亲"，他的科学勇气与力量，真的让我这个来自几千年前的仙子，也不由得一再慨叹。

　　所以不难想象，创造这个"当代神话"的历程该有多么不易，多么曲折，多么惊心动魄。也可以说，只有这样的历程，才能配得上今天的神话！而我的"当代父亲"的科学生涯，也毫不意外地充满了各种各样的有趣经历。

比如，他在外物质研究与探索领域所取得的卓越成就，使之成为科学界的权威人物，更是一些紧要关头做出权威结论的不二人选。最值得一提的就是1970年那件轰动世界的商朝青铜器的出土。说起来，那就是一次非常专业而意义重大的鉴宝过程。据说当时河北省藁城县出土了一件商朝的青铜武器——钺。钺是一种铜制的兵器，像一种很大的斧子，大约在西周及商朝时使用。但是，当时的考古学者们惊奇地发现，在这件钺的刃部居然嵌进了一块铁片！按照当时的科学资料来看，这几乎是不可能的。这也引出了一个更令人遐思的结论，因为如果能证实这块神奇的铁是人工冶炼的，那将改变中国的冶铁史，也就是说铁将不再是发端于春秋战国时期，而是一下子提到了商朝，提前一千年。

这件事无疑事关重大，因此有关部门格外谨慎，相关考古学家拿着一丁点采样，找到了在科学界深具权威的欧阳自远。他了解了情况后也知道此次鉴宝意义非凡，于是非常谨慎地用电子探针进行了反复细致的检测，最终经过各种分析得出结论：这种物质，并非人类冶炼而成，而是从宇宙空间降落到地面的一种陨石，也叫铁陨石。也就是说，它是在外太空形成后落到地球上的地外物质。它的成分构成，基本相当于当下的"铬镍不锈钢"。

这个惊人的研究结果，可以说让世界的历史学者都参与了一次重要的外物质科普，引起了不小的震动。而这件来自宇宙外太空的钺器，被理所当然地称为"天外飞仙"，这件神秘武器堪称当时全世界范围内最为锋利的金属武器，据说至今还收藏在中国国家博物馆，应该也算镇馆之宝了吧。

世界宇航先驱齐奥尔科夫斯基[1]有一句名言："地球是人类的摇篮，但人类不能总待在摇篮里。"这句话真的很棒，几乎可以说一刹那就打开了人的思维与想象力。自然，这句话也成了欧阳自远的口头禅。多年的地质与天文研究已经使那时的他深深知道，我们应该把目光投向更广的领域，而离我们最近的，就是头顶的月球。

作为一个科学家，他更加敏锐地认识到，目前很多国家的科学家已经围绕月球上氦-3的分布、储量、采掘、提纯、运输，包括月球环境保护等重要问题，悄然开展了一系列相关研究。这样的发现无疑令他警醒，显然，随着世界科学技术的飞速发展，人类未来势必要在月球轨道建立地球空间站，也就是说，未来的月球，一定会被地球人作为登上行星探索宇宙的第一个落脚点。

在一次解释为何人类要进行月球探测时，他说："当前基本可以确定，探月是我们对地外行星、卫星了解和勘探的必需。由于一些危险小行星的存在，地球其实时刻存在被撞击的危险。月球上 密密麻麻的月球坑都是小行星等天体撞击的结果，而这样的小行星撞击地球将会给地球带来灭顶之灾，此前的恐龙灭绝就是最典型的例子。地球上已经多次经历过这样的生物灭绝，颇有点像前段时间热映的电影《2012》带来的感觉。"

1　齐奥尔科夫斯基（1857—1935年），著名苏联火箭专家和宇航先驱，被誉为"俄罗斯航天之父"。

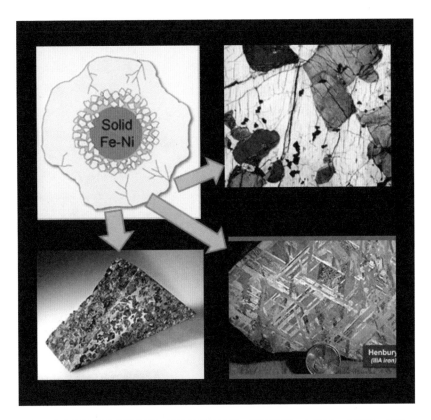

❥ 行星和小行星岩浆分异作用。行星的形成过程：星云凝聚—小星子—小行星—行星。
当星体足够大时，由于星体内放射性元素的衰变能和其他内能的作用，星体内部随着
温度的升高，最后发生熔融。熔融后，重力作用和硅酸盐与金属的熔体不混溶性，导
致星体物质产生分异，并形成核—幔—壳。从岩性上来说，就产生了铁陨石（核）、
幔（石铁或基性物质）、玄武质物质。陨石研究是认识太阳系起源和演化的重要途径，
受到欧阳自远的高度重视。

　　他还说："《2012》这样的事情是根本不存在的，但并不代表
我们可以高枕无忧。事实上，经过天文学家的观测，在 2029 年 4 月
13 日一颗名叫阿波菲斯的小行星将和地球擦肩而过，它和地球撞击
的概率为二十五万分之一。如果撞击上地球将产生 1 万个广岛原子弹

欧阳自远在各种讲座和演讲 ◖
场合都提到，深空探测是科
技竞争的制高点，我们不只
要探索月球，还要持续探索
火星、金星、太阳系，要向
太阳系的星辰大海前进！

的威力，给地球带来巨大的灾难。""面对这样的危险情况我们人类是完全可以通过自己的力量转危为安的，通过改变小行星的运行轨迹，让撞击不会发生。"这也是我们不懈探索外太空的动力，"人类将是地球的守护神！"

正是这样的激情、责任与信念，支持欧阳自远几十年一路走来，辛苦，坎坷，拼搏，无畏，坚持，信念，创造了一个又一个世界奇迹！他始终说自己是幸福的。"有多少当年参与'两弹一星'的科学家，默默无闻奋斗了一辈子。而我已经能看到梦想在宇宙深处展现的淡淡轮廓。"光阴似箭，欧阳自远终于成为完整见证中国探索月球历程的首席科学家。

从月球，到火星、金星、太阳系，再到火星移民计划……这位"嫦娥工程"的功勋将帅，就这样把人的目光和视线一同带到了遥远深邃的宇宙。哪怕我来自月球，如今也情不自禁地被他引向了更浩渺的深空，因为那里有人类更多更神奇的梦想，比神话更像神话，正一个个被科学的力量播种，被知识的力量灌溉，被信念护佑着成长，并终将在宇宙中绚烂绽放。

二、探月工程的总设计师——孙家栋

孙家栋，我国航天领域杰出的科学家，他的名字与我国航天事业的发展一直密切相连，见证了我国航天领域的多个第一。作为中国探月工程总设计师，他与栾恩杰、欧阳自远三人被誉为"黄金组合"。没错，接下来我们要认识的，就是探月工程"三驾马车"的另一位大神级科学家，"嫦娥工程"的功勋将帅——孙家栋。

从攻克第一颗人造卫星"东方红一号"到担任探月工程的总设计师，孙家栋一生始终致力于中国的航天事业。2009年4月8日是孙家栋的八十华诞，据说当时还健在的著名科学家钱学森专门给他写来贺信，信中写道："您是我当年十分欣赏的一位年轻人，听说您今年都过八十大寿了，我要向您表示衷心的祝贺。"……这一幕如此让人感慨，2009年80岁，那么到如今的2024年，算来整整95岁了，而探月工程已成功发射到了"嫦娥五号"，也让人对这位老科学家更为钦敬，更加对老人近一个世纪的人生充满了好奇。

孙家栋于1929年4月生于辽宁复县，运载火箭与卫星技术专家，中国科学院院士，国际宇航科学院院士，获"两弹一星功勋奖章""共和国勋章"，现任航天科技集团公司高级技术顾问、国家航天局特别顾问、总装备部科技委顾问。中国空间技术研究院研究员庞之浩，曾经在一次采访中对记者说："我们的老院长，不仅是探月工程，还是我国航天事业很多重大项目工程的总负责人，他对我国航天事业的贡献，非常大！非常大！"据庞之浩介绍，孙家栋曾担任过中国空间技术研究院院长。

尽管孙家栋一直是"大领导"，但与他接触过的人都知道，他为人非常谦和低调，更重要的是，在专业领域也特别善于听取别人的不同意见。这让他得以吸纳不同的知识、意见，在航天事业发展中最终起到非同一般的作用。

孙家栋最初与中国航天事业结缘，同样有一种命定的机缘；确切地说，应该是从攻克第一颗人造卫星开始的。

1942 年，13 岁的孙家栋考入哈尔滨第一高等学校土木系，当时他最大的愿望，就是将来学业有成，可以为国家去修造大桥。但是因为战乱，他不得不辍学。直到 6 年后，他再一次考入哈尔滨工业大学预科学习俄语。当时恰巧学校刚刚增设了一门汽车专业，他便转入了汽车系。

生活就是这样，计划总是没有变化快。刚刚转入汽车系还没碰上汽车的大学生，再次遇到了新机会，那就是新中国开始组建空军。这一消息立刻打破了校园的平静，很多同学都开始付诸行动，品学兼优的孙家栋，顺利地作为当时急需的俄语翻译人才被选送入伍，至此开始了他的军营生涯。

专业的改变，生活轨迹的改变，丝毫没有影响到孙家栋的学习热情；相反，部队的生活使他的知识和能力飞速进步。几年后，孙家栋和部队的另外二十多名军人因为成绩出众，被派往当时的苏联茹科夫斯基工程学院，学习飞机发动机专业。他的生活再一次发生了改变。

在异国他乡，他学习更加刻苦，责任感、使命感也在紧张而新鲜的异国课堂里与日俱增。新中国刚刚成立，百废待兴。争分夺秒刻苦学习，学成归来报效祖国，已经深深烙印在他年轻蓬勃的心中。时间过得很快，在苏联五个学年的学习很快就结束了，孙家栋也以功课门门都是 5 分的耀眼成绩，以及毕业时获得的一枚珍贵的金奖章，向祖国交出了一份金质答卷。这在当时的中国留学生中可以说屈指可数，他一直是中国留学生的骄傲。

　　在留学期间，有一件事不得不提，那就是 1957 年孙家栋在莫斯科大学见到了毛主席。正是在这次讲话中，毛主席发表了那段名言："世界是你们的，也是我们的，但是归根结底是你们的。你们青年人朝气蓬勃，正在兴旺时期，好像早晨八九点钟的太阳。希望寄托在你们身上。"近距离见到毛主席的孙家栋非常受鼓舞，更加坚定了学业有成后报效祖国的信念。他们这样的留学生被送到国外学习新技术，是被新中国寄予了厚望的，他们一定不会辜负祖国的期望。

　　一年后，孙家栋带着优异的成绩回国后，进入国防部第五研究院一分院导弹总体设计部。那时候中苏关系还很友好，双方开展了一些相关合作。但是很快，苏联突然撤走了专家，中苏关系陷入低谷。看着进行到中途的导弹，孙家栋和同事们都开始反思，搞"两弹一星"必须自力更生，靠中国人自己研制的才是谁都带不走的。带着这种决心，我国的导弹研制进入日积月累的阶段，大家想各种办法克服困难，同时也积累了很多实用可靠的经验和办法。

　　来到这样一个以设计导弹为主要目标的部门工作，孙家栋理所当然地以为，自己这辈子很可能要从事导弹研制了。但是他与航天事业的缘分，使得命运再一次对他的生活轨迹进行了调整，他离多年后的"三驾马车"越来越近了。

　　时间到了 1967 年，这一年对孙家栋而言是意义非凡的。因为就是从这一年开始，他的脚步正式踏入中国航天领域，并一直为之奋斗至今。这一年中央决定组建中国空间技术研究院，由钱学森任院长。研究院成立后钱学森亲自点将，聂荣臻亲自批准，当时已经在导弹事业中成果斐然的孙家栋，顺理成章被委以重任，负责新中国第一颗人造卫星的总体设计工作。

　　当时，美、苏等多颗卫星已经上天，对我国的航天事业来说，当真是时不我待，只争朝夕。这样巨大的重担，落在了当时只有38岁的孙家栋肩上，那份沉甸甸的责任只有自己心里最清楚。他分外意识到自己所担负的使命之重，同时也深知这是巨大的殊荣，是国家对自己莫大的信任与希望。就这样，孙家栋在航天之路上迈开了坚定的步伐，义无反顾地投入这场战斗中。

　　三年后的1970年，"东方红一号"顺利飞天，整个中国成了欢乐的海洋。获得了这样的成就，在孙家栋看来，中国航天事业的发展和成就，与党中央的关怀和全国人民的支持分不开。"当时制造卫星需要一个物件，我们找到一家工厂的老师傅，告诉他我们现在做的事

◗ 1970年4月24日，我国首颗人造地球卫星"东方红一号"由长征一号运载火箭发射成功。

情是国家重点任务，我们要的这个东西是什么条件、多大尺寸。他也不问真假，就说：'行，你回去吧，一个月后再来。'一个月以后再去，人家果然给你做好了，而且还不要钱。"对于这件小事，孙家栋一直铭记在心。

同时，他也从不认为自己作为总设计师就高人一等。因为航天是一项非常复杂的系统工程，每项工程由卫星、火箭、发射场、测控通信、应用等多个系统构成，每个系统都有自己的总设计师或总指挥。"每次发射，没有一个人敢说这次发射是绝对成功的。投资10亿元，初期干的时候一个型号干10年，干的人加起来又有10万之多——这么大一件事，如果最后按按钮的时候掉链子了，作为技术牵头人，哪里受得了？"孙家栋说。他始终以最严谨负责的心态对待每次试验。

然而，是试验就可能出现意外，事情并不总以我们的意志为转移。1974年，由孙家栋担任技术负责人的中国第一颗返回式遥感卫星，在升空20秒后爆炸了。孙家栋跑出地下室，只看见沙漠里一片火海，整个脑子一片空白，不由痛哭起来。之后的三天三夜，他与同事们一直在沙漠里寻找火箭残骸，把所有的东西一一收集起来，一步步查找事故原因，最终发现是控制系统内一小段导线，在火箭发射时受到剧烈震动断开了。这个教训太深刻了！孙家栋痛定思痛，从此狠抓质量，逐步建立起一套完整严格的质量管理系统。

研制出新中国第一颗享誉海内外的人造卫星"东方红一号"，孙家栋就是总负责人，其中的甘苦可想而知。而后相继有通信卫星（"北斗"导航卫星）、气象卫星（"风云"气象卫星）、中国探月工程等一系列重大项目，这些中国航天"国之重器"的背后，几乎都有他忙碌的身影。在半个多世纪前新中国一穷二白、中国航天工程刚刚启动的年代，孙家栋一直是理所当然的总负责人之一；在半个多世纪后中国繁荣发展、中国航天大步向前的时代，孙家栋更是当之无愧的负责人。大家都说，孙家栋几近百年的人生中，最了不起的，是与中国航天发展中的多个第一密切相连，而我们不难想象，这些第一，每一个都饱浸着他的汗水甚至泪水，每一个都是他对中国航天事业巨大贡献的生动写照。

时光在流逝，他的脚步距离探月工程也越来越近了。2004 年，中国正式开始实施月球探测工程，诸般事务千头万绪，当时已经 75 岁的孙家栋宝刀未老，再次被国家委以重任，担任探月工程的总设计师，领衔探月工程设计。他和栾恩杰、欧阳自远一起被称为探月工程的"三驾马车"。这是中国在载人航天飞行获得成功后，曾经一直处于空白的深空探测活动的一次质的飞越，这个工程的启动，也为中国的深空探测揭开了历史性的新篇章。

三年后，2007 年 10 月 24 日，这个被全世界瞩目的"嫦娥"奔月的一刻终于来临了。说实话，月球是我生活了几千年的地方，我却是在自己再次回到地球后才知道，月球是离地球最近的天体，而今我更加知道了，虽然最近，却是中国卫星达到的最远空间距离。

当"嫦娥一号"顺利完成环月任务的消息传来时，航天飞行控制中心一片欢呼，大家尽情拥抱、庆祝，孙家栋默默转过身，掏出手绢擦去了眼角的泪水。他心中的激动难以言表，既为中国的航天团队能在这么短的时间内把"嫦娥一号"送去探月而自豪，也为国家对他们各方面的支持而满怀感动。祖国越来越强大了，作为从 20 世纪 60 年代走过来的一代，没有人比孙家栋更知道这次胜利的重要意义。

2018 年，在庆祝改革开放 40 周年大会上习近平总书记强调：40 年来取得的成就不是天上掉下来的，更不是别人恩赐施舍的，而是全党全国各族人民用勤劳、智慧、勇气干出来的。"我当时听了感觉非常贴心，这么多成绩确实就是我们下决心干成的。"孙家栋说。

经过一年多的在轨运行，"嫦娥一号"超额完成了各项既定任务。探月二期工程中的"嫦娥二号"和"嫦娥三号"，经过不同系统的协调合作，各项任务也在顺利推进中……一切都在有序进行，未来已经呈现出更为壮阔的蓝图。

而此时的孙家栋，却自己要求在探月二期工程中不再担任探月工程的总设计师，而是出任高级顾问。这是一次意义非常不同的选择，他离开了岗位，心却一刻也不曾离开探月工程！半个世纪以来，这位老人以一位科学家对科学最大的敬畏与严谨，对后辈最大的关爱与扶持，对国家使命最大的担当，兢兢业业地奋斗在中国航天事业的最前沿。据统计，在中国自主研制发射的 100 个航天飞行器中，孙家栋亲自担任技术负责人、总师或工程总师的项目就多达 34 个，在他领导下所发射的卫星，占整个中国航天飞行器的 1/3。不能不说，这几乎就是奇迹一般的战绩，厚重、辉煌、震撼人心。

2019 年，《光明日报》的一篇专访让更多人了解了这位传奇的航天科学家，"两弹一星"的元勋。正如专访中说的："翻开孙家栋的人生履历，就如同阅读一部新中国航天事业的发展史！"7年学飞机、9年造导弹、50多年发射卫星，他始终坚持国家利益高于一切；从"东方红一号"到"嫦娥一号"，从"风云"气象到"北斗"导航，他将60多年的岁月奉献给了中国的航天事业。

如今，由孙家栋担任总师的一项项航天工程已经成为我国改革开放以来的成就坐标："风云"气象卫星正在为世界气候研究提供数据，"北斗"导航系统开始提供全球服务，"嫦娥四号""嫦娥五号"月球探测器也开启了探月的新征程……但对于孙家栋来说，自己为祖国航天事业奋斗的脚步永远不会停歇。

有人问孙家栋："航天精神里哪一条最重要？"

"热爱！"他不假思索，"如果你不热爱，就谈不上奋斗、奉献、严谨、协作、负责、创新……"

当然，除了"热爱"，还有"创新"。几十年的实践证明，核心技术是买不来的，在一穷二白的时候，我们的航天事业没有专家可以依靠，没有技术可以借鉴，只能自力更生、自主创新。所以，什么时候都要有自主创新的理念，要掌握核心技术的话语权。

三、探月工程总指挥——栾恩杰

栾恩杰，1940年生于辽宁白城。中国工程院院士，原中国科学技术协会副主席、国防科学技术工业委员会副主任，中国探月工程总指挥，中国载人航天工程副总指挥，全国政协常委，原国家航天局局长。

与欧阳自远、孙家栋不同，栾恩杰似乎更科班一些，1960年毕业于哈尔滨工业大学自动控制专业，1965年清华大学精密仪器专业研究生毕业，1970年起任航天四院及一院17所技术员、工程师，直至1988年成为航空航天部总工程师、研究员，1993年升为航天总公司副总经理兼国家航天局副局长，1998年为国防科工委副主任兼国家航天局局长。2009年当选中国工程院院士（工程管理学部）。他因为杰出的贡献曾先后获国家科学技术进步奖一等奖、二等奖、特等奖，何梁何利基金科学与技术进步奖，第8届航空航天月桂奖（终身奉献奖）。他还是第十三届、十四届、十五届中共候补中央委员，中国载人航天工程副总指挥、中国探月工程总指挥。

是的，这样一组闪着光芒的数据和身份，就是探月工程"三驾马车"的又一位大神级科学家，国家级功勋航天将帅——栾恩杰。

1960年，栾恩杰从齐齐哈尔铁路第一中学考入哈尔滨工业大学，迈出了实现人生理想的重要一步。他的理想是当一名工程师，以后实现"楼上楼下电灯电话"的电气化时代，为此他报考了哈尔滨工业大学电机系。

开学后他刚到宿舍把行李放好，就有人告诉他说他不在这里住，他是二部的。他一头雾水地按指引坐车来到哈尔滨航空工业学校附近的一块场地。原来，那一年哈尔滨工业大学正按照邓小平"哈工大要搞尖端"的指示，创建尖端专业和进行专业调整。栾恩杰就从电机系转到了自动控制系，学习陀螺原理和惯性导航。导航仪里面的陀螺研制，可以用来导弹制导，这在当时都是保密的，所以他们的教材上课时发下来，下课时要上交，不能带走。栾恩杰后来说，他服从了国家安排。正是这次偶然，决定了他一生的事业方向。

因为导弹和运载火箭都是复杂的系统，学校要求"规格严格，功夫到家"，栾恩杰也因此养成了严谨的习惯、精益求精的态度，这对他以后在科研道路上的探索产生了很大的影响。他知道哪怕一个小细节的瑕疵，都可能造成数亿元的损失。他的责任心和使命感日益增长。

大学毕业后，栾恩杰继续攻读研究生，1965 年顺利考上了清华大学精密仪器专业，三年后毕业，被分配到了航天工业部，在七机部从事导弹研究。这是一个要完成国防任务、为国防服务的工业部门，他感到身上任务艰巨。刚开始工作，踏实认真的他给自己定了首要目标，把手头任务做好。

栾恩杰被分配的七机部第四研究所主要工作是固体导弹的研制，驻地在内蒙古。这里环境非常艰苦，风华正茂的栾恩杰乐观上进，从技术员做起，在老一辈科学家的带领下，孜孜不倦地吸收着各种知识，不断成长。机会来了。1967 年，在没有国外任何技术援助和缺乏固体型号研制技术力量的情况下，他们团队开始了"巨浪一号"的研制攻关。

"巨浪一号"是我国第一型潜地固体战略弹道导弹。潜地导弹是由潜艇在水下发射，攻击地面固定目标的战略导弹，不光在中国，在欧美国家都是作为绝密武器进行研制的，很少有资料可以借鉴。1967 年国家决定研制第一枚潜地导弹，这是继原子弹研制成功后又一项涉及国防安全的重大决策。

当时正是国家基础工业很薄弱的时候，加上资料缺乏，虽然我国

1964 年 6 月 29 日"东风二号"导弹发射成功，意味着我国拥有了自行研制的中近程弹道导弹。

在之前已经成功发射了"东风一号"和"东风二号"导弹，但由于"巨浪一号"要装配到潜艇上，所以它的体积不仅要小，还要保证威慑力。这就使得所有技术都面临很多挑战。

自此，栾恩杰他们开始了艰难的探索之路，从 1967 年筹备到 1982 年最终试射成功，中间的曲折自不必说。他们在科学论证、多次失败的基础上，最终确立了"台、筒、艇"三步走。这三步的研制中每一步都失败过，但是，他们始终抱着一个信念，失败是成功之母，这句话就是告诉大家在哪一点上要加强，解决了问题就补上了之前的短板，最终一定会成功。1975 年，在大家的齐心协力下，最终"巨浪一号"的设计工作宣告完成。

栾恩杰曾在一次采访中提到过其中的艰难。当时他们发射的飞台第一发就炸了，十多年的研制成果可以说凝结了所有人的心血，大家的沮丧可想而知。后来经过攻关和大量地面试验，团队最终完成了前两个阶段的试验，证明了这型导弹的可靠性和弹射方案的可行性。而进入第三阶段"艇试验"时，没想到又失败了。到艇上的第一发，打的时候从艇里弹出来在空中炸了。这对于所有研制人员来说又是当头一棒。后来通过影像分析发现，导弹在出水不久后姿态失控了，经过排查，是因为控制系统的插头出现了问题。研制团队顶着压力，对出现的问题进行改进，5 天后，1982 年 10 月 12 日，"巨浪一号"迎来第二次试射，在所有人的忐忑不安中再次进入倒计时。这一次，白色的导弹破浪而出，直冲天际，试验取得圆满成功。

由于"巨浪一号"装备于潜艇上，国家有了自己的水下盾牌，他们向国家交出了完美的答卷。而这距离当初的决策，已经过去了 15 年。

之后国家提出"巨浪一号"要上岸，发展陆基机动战略导弹，栾恩杰又做了东风-21 弹道导弹研制总指挥，之后也参与了很多其他型号的研制。导弹和深空探测都属于航天事业的一部分。导弹可以做运载火箭，把弹头换成卫星，就可以送卫星入太空。1998 年，国务院任命栾恩杰担任国防科工委副主任兼国家航天局局长，航天局规划的一大任务就是开展空间科学研究，他的工作方向也转到了深空探测领域。

2000 年，栾恩杰倡导并组织完成了我国第一份航天白皮书，首次明确我国航天由单一的航天工业扩展至包括应用和科学的"大航天"，这也成为我国航天事业发展的战略规划。

栾恩杰认为，以前我们一说航天就说航天工业，之后又称为航天科技工业，但一般认为航天只是国防工业。他担任国家航天局局长后，国家要求做中国航天的战略研究，完成行业规划。当时国际上的情况是，航天已经形成产业化趋势，航天应用非常普遍。美国有通信、导航、对地观测、气象卫星。在科学研究方面，国际航天已经进入空间基础设施建设和空间应用阶段。

经过充分研究，此次白皮书提出的一个切入点就是要做"大航天"，这是一次技术上的"分裂"：往上要发展空间科学，在空间进行科学研究、研究空间的科学问题，探索外太空，这就有了后来的各种空间科学计划；往下做航天应用，包括军用、民用、军民融合应用。例如我国发射了一系列高分卫星，今后要继续发射组成星座，建设对地观测基础设施。

"大航天"把航天事业从工业扩展到海陆空天领域。之后发布的《2006年中国的航天》《2011年中国的航天》《2016中国的航天》等白皮书是战役性的安排，是对2000年第一份白皮书的细化落实。

2004年，令我激动的时刻来了！中国启动探月工程，并且明确目标是，先发射一颗卫星去月球，这是具有探索月球能力的基础。栾恩杰认为目标很明确，就是要获取月球全景照片，研究图像，利用这个数据得到对月球的理解；而这颗卫星怎么被月球捕获，怎么落下去，落下去怎么返回来，这些都是工程目标。

从此，栾恩杰和欧阳自远、孙家栋这"三驾马车"班底，伴随着"嫦娥一号"一直到"嫦娥五号"的整个过程。

2020年12月17日，当"嫦娥五号"返回器顺利降落在四子王旗着陆区时，前方指挥所里一位80岁的老人激动不已，他说了这样一段话："待到四子王旗会，工程大计好收官。我今天来，就是迎接我们的嫦娥从月亮返回它的家乡，返回它的祖国，所以我来到这里心情非常激动。"

这位老人就是我国探月工程的首任总指挥栾恩杰。当时同事和家人都劝他不要去四子王旗，因为零下 30 多摄氏度的低温，加之时间又是凌晨，担心他身体受不了，但他说："一定要去！"

当年"嫦娥一号"起步时，他们曾向中央承诺要完成"三步走"。下定决心、确定目标和实现这个目标的过程是质的变化，是从一张纸变成现实。经过无数个白天黑夜的呕心沥血，他们终于将一个设想、一个梦想变成了今天的现实。如今，"嫦娥五号"成功将月球样品带回地球，这不仅完成了栾恩杰当初的梦想，也实现了中国探月"三步走"的目标。

这是他和祖国的约定，对祖国的承诺。他必须去，去接"嫦娥"回家。

2003 年，神舟五号载人飞船成功发射，激发了全国人民对航天前所未有的极大热情。栾恩杰说："在我当航天局局长的时候，中国人上天了，我这个航天局局长光荣啊！没有哪一项事业能像航天这样表现高科技的实力和综合科技的发展；没有哪一项事业，它的成功能如此凝聚全民族的力量，振奋全民族的精神。"

如此情真意切、感人至深的话，他是说给记者，也是说给自己，更是说给每一个关心热爱中国航天事业的人、每一个对航天工程感兴趣的人听的。而关于航天，这个壮丽磅礴、绚烂震撼的事业和领域，他说的最多的却是被人们忽略的、那些深藏在每个成功的绚烂瞬间背后漫长而痛苦的泪水："每次到试验场都落泪！"

"航天是风险性极大的事业。我已经不知道去过多少次试验场了，每次去几乎没有不落泪的时候。成功了，高兴得落泪；失败了，痛苦得落泪。搞航天的人总是透着一种紧张，就像打仗，并不是不出事啊！任何一项工程的可靠性都不可能是百分之百的，美国的航天水平是一流的，也连续出事。我这三十多年看得多了，发动机出过事、控制系统出过事、计算机出过事、弹头出过事、地面设备出过事，几乎没有没出过事的地方。所以，我每次到试验场鼓掌都是胆突突的。"

毫无疑问，这样的泪水，这样的痛苦，这样的害怕，如此令人动容！以至于我这个天外来客看到这样的话，也一而再再而三地湿了眼眶。航天，这个距离普通人略遥远的领域，同时又是与整个人类世界息息相关的领域，这个只有在成功时才被人们看见的领域，有谁知道背后蕴含了多少科学家的汗水和泪水，信念与坚持，以及深深的责任感与使命感？

为此，他不仅严格要求自己，也以最大的智慧与责任感，来平衡一些重大命题。大家都知道，航天事业、探月工程对任何一个国家而言，都是绝对烧钱的领域，但又是绝对重要的事业，直接关乎一个国家的军事、政治、经济、文化、民生等。为此，作为总指挥的栾恩杰说："我们航天界有句话叫：'进度一拖再拖，指标一降再降，经费一涨再涨。'说的是盲目上马一些项目，结果国家投入巨资，成果却迟迟出不来。我们现在要求新型号立项时要有70%以上的成熟技术支持，30%新技术去攻关。即使是这30%，也要有一定的研究成果支撑。如果说只有50%的成熟技术，另50%的关攻下来攻不下来还不一定，那坚决不能上，不能把国家的钱当儿戏。当然，我们对深空探测不可能有完备的技术基础。不去研究，我们永远都不会懂。这就要求我们把论证和实践结合起来。比如月球车，很多搞月球车的人还没把什么叫月球车搞明白就去搞。月球车就是月球上的车，材料选用、能源、控制系统、科学仪器等所有的条件都要不离月球两个字，要考虑月球的要求。"在指挥探月工程的时候，栾恩杰时刻将国家使命放在首位，"不能把国家的钱当儿戏！"

对于成绩，栾恩杰也时刻以戒骄戒躁的心态要求自己。他知道，"嫦娥五号"是我国迄今为止最复杂的航天任务，开创了中国航天多个第一，我国成为从月球取样返回的第三个国家，进入世界月球探测技术的第一梯队，这为我国向航天强国迈进打下了关键基础。可以说，探月工程完成"三步走"并完美收官的过程，就是我国由航天大国迈向航天强国的过程。但同时应该看到，国际航天事业由很多不同水平的航天国家组成，而中国仍然处于发展中水平。虽然我们有些航天领域的技术已经赶上了发达国家的步伐，可以开展一些同水平的合作，但我们还没有达到国际先进水平。现在我们仍是一个航天大国，航天是我们走在前端的战略性新兴产业，我们正在向航天强国迈进。

关于未来中国航天的发展，栾恩杰也给出了自己的答案：航天的工业转型为航天的产业，卫星星座要变成空间的基础设施，就像我们的高速公路、我们的电网、我们的通信网一样的基础设施，为国民经济建设服务，为人类命运共同体的建设服务，为人类服务。

目前栾恩杰已经退出深空探测任务一线，他说，现在主要是协助年轻人的工作，放手让他们干，帮忙不捣乱，因为自己已经不掌握他们具体每一步运行的情况，瞎插嘴是影响工作的。不过，"我也会主动告诉他们一些我的经验教训，积极完成他们需要我做的一些工作"。

四、黄金打造的探月工程"三驾马车"

事实上，用黄金打造来形容这三个国家级的功勋将帅毫不夸张。自从 2004 年 1 月 23 日，也就是大年初二，国务院批准绕月探测一期工程立项的消息传来，该探月工程正式命名为"嫦娥工程"开始，"嫦娥一号"绕月探测工程就被誉为继"两弹一星""载人航天"之后，中国航天发展的最为重要的里程碑，而探月工程的"三驾马车"的黄金班底也随之正式确立——国家任命栾恩杰为中国探月工程总指挥、孙家栋为总设计师、欧阳自远为科学系统应用首席科学家。

2004 年 1 月绕月探测一期工程立项之际，栾恩杰写下了如下诗句："赠家栋、自远 家栋箭在胸，欧阳晚月宫，铁心合力铸，三人心作盟。"

这一年，栾恩杰 64 岁，欧阳自远 69 岁，孙家栋 75 岁。

这是让人如此动容的一个班底，更是让人如此笃定的班底，因为这三人在航天领域多年来的成就让人们相信，尽管过程会很不易，经历会很艰辛，但是，这一定是个必胜的团队。

有资料记载，在探月工程终于被批复下来的这一天，百感交集的栾恩杰写下了一首诗："地球耕耘六万载，嫦娥思乡五千年。残壁遗训催思奋，虚度花甲无滋味。"这首诗仿佛一面大旗，仿佛一声号令，此后三个人和各个领域资深的老科学家们，迅速组建了一个近万人的庞大工作团队。这个大型科学战队，在之后三年时间里，奇迹般地实现了"嫦娥工程"的三个大步走："2004年是开局年，2005 年是攻坚年，2006 年是建造年，在航天史上，仅用三年，就拿出卫星而且是新星，确确实实不容易，其中的酸甜苦辣，一言难尽。"

一言难尽，其实何止这些啊！

2007 年 11 月 5 日，在看到"嫦娥一号"飞行 13 天后第一次成功近月制动的那一刻，每个人都从座位上站起来，欢呼和拥抱。而欧阳自远和孙家栋也紧紧地抱在一起，泪水充溢了两位古稀老人的眼眶。这一幕正好被在现场做报道的央视镜头记录下来。当央视记者采访欧阳自远时，他泪流满面地说了八个字："绕起来了，绕起来了。"

的确，他们航天人这个集体没有辜负国家和人民的期望。

古人说"十年磨一剑"，从 2004 年到 2020 年，他们这个团队看似 16 年磨一剑。而在此之前，还有漫长的学习和磨炼时间。

欧阳自远说："中国探月工程有一个原则，别人做过的，我们比它做得更好，没做过，中国要开头做。"

"嫦娥一号"总费用相当于北京修两千米地铁的钱。在中国，关于是否应该探月的质疑声从来没有停止过。1993年欧阳自远提出探月计划后，周围的人怀疑还是挺多的，质疑的也有。比如，有人说，去搞月球，不能吃、不能穿、不能用，还是实际一点，现在中国并不富裕，还是个发展中国家，先把地球的事做好再说。有人说，搞探月要花很多钱，我们现在应该节约下来，建设好我们的国家。还有的说，美国和苏联探月一百多次了，我们再去探月，你比人家高明在哪儿？

对于这些意见，欧阳自远表示，这只是因为大家还没有掌握充分的信息去认识到这件事情的重要性。为了推动中国探月计划的实施，包括欧阳自远院士在内的很多专家，除了搞研究，做的最多的工作是四处游说和呼吁。

"因为广大公众不了解，所以我就要向大众说明我们并没有花很多钱，'嫦娥一号'我们花了14亿。当时恰好北京市新修地铁线路，每一千米的造价7个亿，而我们第一次去月球，不仅要把基础设施建好，还要培养出一支队伍，而且要取得一些新的研究成果，这些所有的花费才相当于北京市修两千米地铁的钱。"欧阳自远说，"这样的话大家热情非常高涨，而且呼声也很高涨。"

据欧阳自远自己统计，从2008年到2018年11年间，各种类型的公众科普报告他做了617场，现场听众约35万人次，平均每年举行科普报告56场，撰写编写科普书籍12部、科普文章 300 多篇。

2007 年是中国探月工程最关键的一年，这一年，中国第一颗探月卫星"嫦娥一号"将要升空。在这一年，已经 78 岁的孙家栋，10 次进入发射场，在发射场指导了 5 次卫星发射任务，参加主持了近百场会议，从卫星进入发射准备状态开始，他天天坐镇在航天指挥中心。

"我们三个老头"——在《致前行者》栏目中，欧阳自远这样称呼他和其他两个伙伴。

在他眼里，外界称"他们三个老头"为嫦娥工程"黄金组合""三驾马车"，这是对他们的赞扬。

"我们三个老头中，孙家栋最大，是我们的兄长辈，也是总设计师，火箭、飞船、卫星要怎么去制造？制造到什么样的水平？它又具备哪些功能？这是他负责的。栾恩杰是总指挥，管计划、管人员、管经费、调动各个方面。（探测器）到了月亮上干什么？看什么？拿什么？那是我的事。所以，我们三个人就是这么各自有分工，但又是一盘棋。"

而随着中国探月工程一步步顺利推进，他们也已经把接力棒交给了年轻人。

探月先锋：
我的一号和
二号分身

必须承认，从误食仙丹飞到月宫起，哪怕我已经做了几千年的月宫仙子，也从没想过有一天我会神奇地拥有多个分身，哪怕是在天马行空的天宫里与那么多的神仙打交道，见过那么多的天界奇景，我也从不曾想过。这真的是神仙也不会有的想象力，而今却成了人间现实，真而又真。

忽然觉得其实这才是神话最初的样子啊！五个分身，除了神话，哪里会有这样的场景？你看齐天大圣七十二变，就是七十二个分身，对了，一身猴毛一撒手其实是无数分身；二郎神七十三变，据说比齐天大圣还多一变，更是分身无数。所以，当我知道了"嫦娥工程"的整个内涵以后，瞬间就将这项伟大的工程定位为"当代神话"。我相信这样的定位没有人会反驳。

那么接下来，我会平复自己的心绪，带着大家一同了解我的每个分身的故事，了解它们产生过程中那些对我们外行人来说最关心、最觉得神奇的事情。让我们一起开启"探月之旅"，共同体会"当代神话"带给世界的壮丽与震撼。

一、先行者"嫦娥一号"与深空探测

绕月探月工程是我国中长期科技发展的重大工程之一，对推动我国航天事业在空间领域的发展、提升自主创新能力、促进科学技术的进步具有重要意义。其中，"嫦娥一号"是整个探月的关键，是整个工程开门红的关键。

"嫦娥一号"工程副总设计师龙乐豪说，通俗一点讲，该工程有三大目标，即"到得了""转得起"和"传得到"。"嫦娥一号"从起飞到进入目标轨道将多次经过中国上空。如果地理位置和天气条件允许，人们有可能用肉眼观测到现代"嫦娥奔月"的情景。

我第一次看到这种说法时激动坏了，我也想看看"自己"是怎么奔月的啊！不过，中国的卫星和火箭虽采用成熟技术，但还是要攻克一些技术上的难题。比如，当时中国的航天器能到达离地球 7 万千米的地方，而月球距离地球是 38 万千米。据权威人士介绍，研制和发射"嫦娥一号"探月卫星的技术难点，归纳起来主要有以下四点：

一是轨道设计与控制。它是实现月球探测卫星绕月飞行的基本保证。在飞往月球轨道的过程中，探月卫星既不能碰着月球，也不能飞过去。

二是测控和数据传输。地球到月亮距离遥远，测控信号会变弱，同时为实现卫星绕月飞行，需要进行复杂的轨道转移。这就对测控系统提出了更高要求，要考虑卫星天线怎么设计和地面站怎么设计等问题。

三是制导、导航与控制。月球探测卫星从绕地飞行到准确进入绕月飞行轨道，需经历多次复杂的轨道和姿态机动，要求控制精度高和实时性强。

四是热控技术。卫星绕着月球转，月球绕着地球转，地球又带着月球和月球旁的卫星绕着太阳转，相对关系比较复杂，从而导致绕月卫星的热变化巨大。而我们只能给"嫦娥一号"穿一件"衣服"，还不能换。这件"衣服"要做到热的时候不热,冷的时候不冷,这是个难题。

不过这四个当时非常难啃的技术难点,统统被完美解决了。"嫦娥一号"卫星由航天科技集团公司所属中国空间技术研究院为主研制,在成熟的"东方红三号"卫星平台基础上,突破了轨道设计、热控、测控以及制导等一批关键技术。从 2004 年 1 月工程正式命名到 2007 年 10 月,搭载着"嫦娥一号"的长征三号甲运载火箭,在西昌卫星发射中心三号塔架准备点火发射,所有的艰辛和努力我在查看资料时几乎情难自已。因为,这可是中国的第一颗探月卫星啊!一切都不容有失。

让我们回到 2007 年 10 月 24 日 18 时 05 分。

西昌卫星发射中心是中国三个航天发射场中唯一能够进行低温燃料火箭发射的地方,是中国对外开放最早、承担卫星发射任务最多的航天发射场。西昌,这个被称为"月亮女儿的故乡"的地方,将托起"嫦娥一号"卫星飞向太空,将中国航天人自强不息的精神、中华民族一直以来的理想带进遥远的太空,中国人心中几千年的仙子"嫦娥",即将开始绚丽辉煌的"奔月"之旅。

那一天,卫星系统总指挥兼总设计师叶培建说:"尽管我们晚了,但在历史长河中这四十多年的时间并不算长。能够代表全国人民送中国的首位月球使者上天,是我们科技人员的荣幸与骄傲。"

那一天天蓝风轻,傍晚时分,高耸的白色运载火箭托举着体重 2350 千克的"嫦娥一号"。而月球,就挂在远处的天幕和山峦之间。

火箭上端,雾气蒸腾缭绕,离发射塔架 500 米远的燃烧池内,

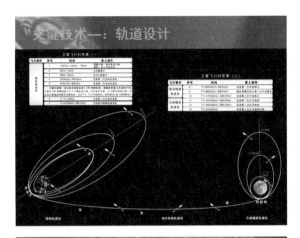

要让探月卫星完成任务首先要克服三个关键技术。

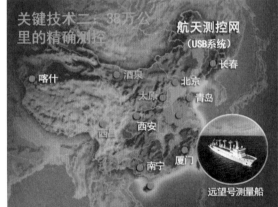

大火熊熊燃烧。在发射场周围的山坡上，在指控大厅里，在北京航天飞行控制中心，所有人都屏住了呼吸。包括新华社和中央电视台在内的数十家媒体记者的镜头从多个方向聚焦运载火箭，安全距离外的多个参观台上人头攒动，远处一条条乡间山路上则挤满了附近的村民和远来的游客。

18时05分，随着一声点火口令，发射控制台操作手用力按下了红色点火按钮。瞬间爆发的巨大声响排山倒海般压向重重群山，40米深的导流槽里事先注入的400吨水顷刻化成了水汽……

24日18时05分至30分，卫星入轨。第148秒，火箭一二级分离。第243秒，整流罩分离。此时，火箭已经飞出了大气层，"嫦娥"不再需要整流罩的保护。第271秒，火箭二三级分离。第609秒，"远望号"测量船传来消息，三级发动机一次关机，星箭结合体进入滑行阶段。第1249秒，三级二次点火。第1373秒，三级二次发动机关机。

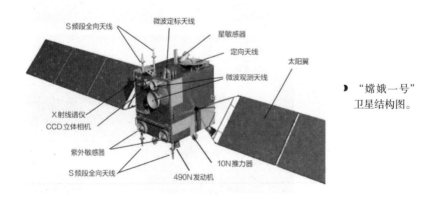

▶ "嫦娥一号"卫星结构图。

第 1473 秒，当大厅里响起"星箭分离"的报告声时，凝固的空气一下子沸腾起来。握手、拥抱、欢呼……闪光灯将一张张笑脸永远定格在这一刻。

探月工程总指挥栾恩杰说："从 2004 年初立项研制到发射，总共用了 3 年半时间；工程总投资 14 亿元人民币，仅相当于目前国内修建 14 千米高速公路的费用。中国探月工程以好、快、省表现出鲜明的中国特色。"

对"嫦娥一号"的成功发射，日本共同社、韩联社、俄新网、英国广播公司、美联社等，纷纷在第一时间予以关注。毫无疑问，这次发射拉开了中国探索太空的帷幕，不仅全国瞩目，全世界也将目光聚焦在了这个中国航天的新高度上。中国自 1980 年成为联合国和平利用外层空间委员会成员后，先后加入了联合国《外层空间条约》《营救协定》《责任公约》和《登记公约》，还积极参加了国际有关和平利用太空、为人类造福的各种活动。和平利用太空，使之造福于全人类，是中国发展航天事业的一贯宗旨。深化对宇宙的科学认识，促进空间技术造福人类，满足中国和世界社会进步的各种需求，是中国开展空间活动的基本目标。中国是这样说的，也是这样做的。

11 月 25 日，"嫦娥一号"传回月球三维照片，这标志着"嫦娥一号"绕月探测飞行取得圆满成功，科学探测工作全面开始。需要说明的是，这种月球照片能够清楚地显示出月球凹凸不平的表面。和一般二维照片不一样的是，三维照片能直观地让人感受到这种凹凸的高差。和普通相机比，"嫦娥一号"所携带的照相机的个头大了许多，总计约 30 千克。

这种照相机和普通照相机有诸多不同：首先，它拍出来的不是一张完整的图片，而是每 84 秒拍出一条线。由于卫星是高速移动的，一条条线组成了一个面，原理就好比扫描仪或者打印机一样。其次，由于月球表面的光线时常变化，两极光弱，赤道光强，从南北两极其中的一极飞到赤道只需要 27 分钟，所以它需要手动曝光。当地面站接收的数据显示月球表面太暗时，工作人员会发送指令，把曝光时间调长。当数据显示月球表面太亮时，曝光时间则会被调得短一些。

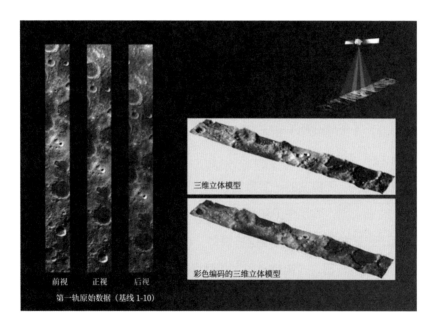

🡆 CCD 立体相机利用不同视角的图像数据合成月面图像。"嫦娥一号"卫星上的 CCD 立体相机采用线阵推扫成像方式，获取前视、正视和后视三条连续的二维影像，利用不同视角的图像数据合成月面图像。

　　11月26日，国家航天局正式公布"嫦娥一号"卫星传回的第一幅月面图像。首幅月图的完成和公布，标志着中国首次月球探测工程取得圆满成功。

　　当然，中间也出现了一段小插曲，我觉得需要专门记录一下，就是关于"嫦娥一号"卫星拍摄的首张月面图像的风波。毫无疑问，这张月图作为首张图像，将会在世界引起巨大的关注与轰动。因为，这是17000余人奋斗4年，才终于拿到的"嫦娥"首幅月面图像。17000余人，4年，每一个数据都令人震撼，令人动容！但是在中国首张月面图向世界公布后，竟然在互联网引起了一个非常令人愤慨的传言，说这张图是抄袭的美国2005年月面图。

　　传言一出，中国探月工程团队马上进行了非常正式的说明。首先是中国探月工程"三驾马车"之一、首席科学家欧阳自远，他指出，中国11月26日公布的首张"嫦娥一号"卫星所摄月面图像，是经过非常复杂的拍摄、传输、接收、处理过程后获得的，与美国2005年最新确认的月面图像有着细微但是确凿的差别。仔细看能看到这张图像上某个地方有两个小坑，但是美国2005年最新确认的月面图像上，同样的地方只有一个小坑。

　　同时，探月工程"三驾马车"的另外两位科学家——探月工程总指挥栾恩杰、总设计师孙家栋也对媒体进行了重要说明，强调中国首幅月图是千真万确、无可争辩的。

　　探月工程总指挥栾恩杰的话我深表赞同，特意记录在此供大家体味：

我们这个图是 17000 余人奋斗了 4 年拿到的，我希望国人，正直的国人尊重我们的劳动，尊重中国人的成果。怎么能开这种玩笑呢？这是我的第一个感受。

第二，我向国人负责任地说，这幅图确实是我们工程上拿到的第一张图。特别是这张图的右边，那是我们中国历史上头一次获得月面的第一个条带的第一轨图，我们保留在合成图的右面。当我们看到这个图的时候，我们想到中国千年的梦想。拿到第一张图的时候，全体参研参试人员都落泪了。

第三，有人说这个图和别人的不一样，这就跟照相一样，如果张三照的是母亲，李四照的是姐姐，这就不是一张图。因为本体是一个月球。如果说美国人反复多次得到这张图，那这句话就是对我们的表扬：我们的第一张图就是和美国的一样。

第四，有人说有差异，其中一个点、两个点，我认为这要进行研究，数据拿下来，数据变成图有一个反演过程，我们关键不是看看图。我们科学家应该从我们获得的数据里得到更深刻的认识、更深刻的理解，对月球深刻的探索，这些成果我是非常感兴趣的。

最后，我们的工作刚刚开始，可能我们的图还有一些和别人不完全一样的，那有这种现象也是正常的，我们还要继续努力。

探月工程总设计师孙家栋则表示，月图抄袭传言不值得一驳。"嫦娥"的卫星产品在上天以前，所有资料都已经公布了，卫星上确确实实有这台相机，这台相机是中国科学院西安光学精密机械研究所一位老同志带领很多同事制造的。上天以后，卫星轨道也是完全公开的，围绕月球旋转起来以后，这幅图是什么时间的轨道照下来的，是有实际科学数据的。从物证和数据来说，这都是无可争辩的事情。

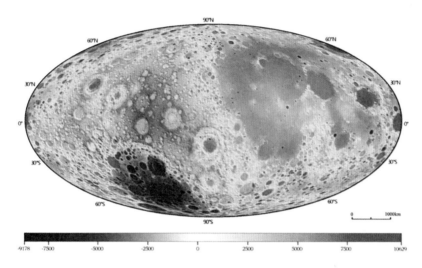

全月数字高成模型（DEM）。

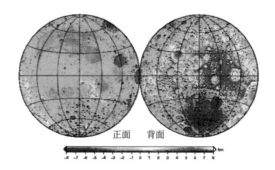

"嫦娥一号"在轨运行一年中获取了全月球影像图、月表部分化学元素分布等一批科学研究成果，为二号、三号卫星的研制提供了基础数据，突破并掌握一大批具有自主知识产权的核心技术和关键技术，使中国成为世界上为数不多的具有深空探测能力的国家。

…………

一场互联网的闹剧，或者是某些别有用心者的传言，被三位国家级功勋科学家有理有据的证据无情地粉碎了。而这一切，也让人感觉到了科学的力量，既是对国家、对民族、对人民，包括对世界的贡献，同时会引起一些别有用心者的企图，不由让人更加理解了科学探索之路上的不易与艰辛。

12月12日，盛大而热烈的庆祝晚会在人民大会堂举行，探月工程总指挥栾恩杰、总设计师孙家栋、首席科学家欧阳自远、探月工程中心主任胡浩，以及五大系统总设计师，都出席了晚会。2007年12月31日，在新的一年来临之际，一条来自"嫦娥一号"的特殊语音祝福从遥远的月球轨道传回。这条穿越38万千米的"语音"是："新的一年又开始了。从东北到西南，从草原到雪域，让我们同声歌唱美好生活。"

和祝福语音同时传回的还有《草原上升起不落的太阳》和《青藏高原》两首歌曲。祝愿伟大的祖国更加富强！祝愿全国人民幸福安康！祝愿全世界人民友好和平！

但是我们的科研人员还是不能掉以轻心。2008年2月21日是我国传统的元宵佳节。这一天，远在38万千米之外的"嫦娥一号"卫星却要迎来月食考验，陷入黑暗和严寒当中。

"嫦娥一号"卫星副总设计师孙泽洲总结说，月食期间"嫦娥"将无法获得太阳能，同时设备也将经受低温考验。卫星在月食阶段的长时间阴影中，将直接面对太空零下270摄氏度的低温环境，也无法获得太阳红外和月球红外的加热。而且，国内测控站无法全程跟踪控制，卫星为经历月食所做的许多工作状态调整只能自主完成，在自主执行动作有误的情况下，也无法获得地面的干预。

那么，"嫦娥一号"如何应对考验？如何应对月食呢？

孙泽洲说，对于卫星经历月食所面临的困难，研制人员早已做了大量的设计和验证工作：采取调整卫星在轨道上位置的策略，来缩短卫星经历月食阴影的时间，同时对卫星经历月食的工作模式进行了优化，对卫星热控设计、供配电设计、数据管理设计等有针对性地进行了调整。更重要的是，对星上所有设备的月食降温情况进行了仿真和实验考核。

时间线上的"嫦娥一号"牵动着世界的目光，牵动着每一个关注航天事业的人的心。人们关注着相关报道，电视荧屏，网络，报刊……只要是与"嫦娥一号"有关的消息，都令人振奋。包括我，一场奇妙的渊源，让我彻底爱上了今天的中国——世界眼中伟大强盛富饶的中华民族！

我常常会觉得很神奇，也很怪异，比如我来自中国人远古的神话，其实我本是华夏民族的一个先民，是一场因缘际会让我的命运发生了改变，成了广寒宫里的仙子。那么，此刻穿越回来的我，可不可以也称自己为，中国人？

有时我会觉得不恰当，毕竟"中国人"这个称谓是近代才有的，而我生活的毕竟是远古时代啊。可是，眼下，此刻，我真真的就在这个时空里，我脚下的土地，我生活的国度，就是我的故乡啊！因为我关注的探月工程的一切，就是在被世界瞩目的中国！

我也会很快释然这样的疑问，因为毕竟我来自神话，毕竟我的到来借助于大多数人根本不会相信的时空穿越，毕竟这一切原本就是不寻常的，毕竟，引我而来的探月工程，本身也是"当代神话"！已经足矣，眼下，还有什么比宇宙中的"嫦娥一号"，那个勇敢无畏的探月先锋，我的一号分身在天上的一切更重要？

看吧，它的正常运行，让人多么欣慰欢喜；而它一旦面临考验，科学家们的心又是如何提到嗓子眼；一旦危机解除，又会如何欣喜若狂！

我看着这一切，感受更为复杂，因为天上的"嫦娥一号"，它也是我，是我的一个分身呵，所以觉得自己格外全神贯注，对与它相关的一切极其敏感。就这样，天上的一号分身在运行，我和科学家们以及热爱航天事业的人们一起，每天遥望着天空，期待着，祝福着……

2003年10月梦圆飞天之后，"嫦娥一号"让中华民族的千年奔月梦想变成现实；从1970年成功发射首颗人造地球卫星"东方红一号"算起，在短短37年间，中国航天铸造出两弹一星、载人航天、绕月探测三大里程碑，实现从研制、发射人造地球卫星到研制并发射人造月球卫星的巨大跨越。

从发射升空到多次变轨、从绕月飞行到科学探测、从传回天籁之音到完成首幅月球图像，"嫦娥一号"实现准时发射、准确入轨、精密测控、精确变轨、成功绕月、科学探测，在整个过程中，"准确""顺利"这两个关键词可谓时刻相伴、如影随形，中国官方的评价是"圆满成功"。

肩负中国首次探月重任的"嫦娥一号"表现如此完美，这在世界探月史上并不多见。中国绕月探测工程副总设计师龙乐豪院士认为，

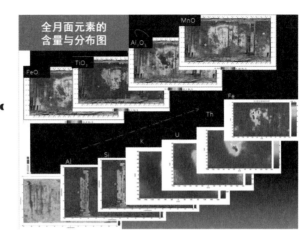

全月面元素含量与分布图。

从这个意义上来看，中国探月起步虽晚了近 50 年，但可以说是后起之秀、后来居上。时任国家航天局局长孙来燕则表示，首次绕月探测获得圆满成功，标志着中国航天正式开始了深空探测新时代。

我的一号分身最大的意义，是通过"嫦娥一号"卫星，中国已正式成为世界月球俱乐部的一员，从此广袤无垠的宇宙深空对中国而言，将不再是无限未知与深不可测。而中国航天事业，也跟在"嫦娥一号"卫星之后正式飞出了地球，在此之后，将陆续有几个探月工程的"嫦娥"出发，向着更深更远的天文宇宙出发，以及更深更远的科学宇宙出发！

二、不仅仅是深空卫士的"嫦娥二号"

首次详细谈及"嫦娥一号"的点点滴滴，我不免有点激动，可能说多了些。那么下面我将克制自己的讲述欲，点到即止。

我们都知道，一号的成功发射及绕月探测，只是中国深空探测的第一个起点。宇宙的浩渺无边，深空的深邃无垠，都在提醒着中国的科学家们，中国航天深空探测的新时代新征程，未来将要面对的是更多的挑战和艰辛，任重而道远。

由于落月探测要突破月球软着陆、自动巡视勘察、深空测控通信和长月夜生存等一系列关键技术，技术跨度和实施难度较大，为此，经过科学家们反复论证后，为了降低落月探测的风险，在发射中国首个落月探测器"嫦娥三号"之前，先于 2010 年 10 月 1 日用长征三号丙火箭发射了"嫦娥二号"绕月探测器。它运行在距月球表面约

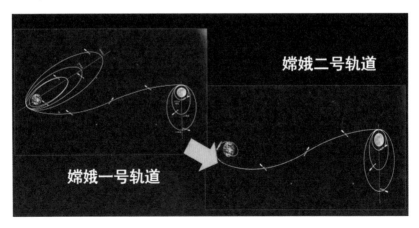

🖙 "嫦娥二号"验证了运载火箭直接将卫星发射至地月转移轨道发射技术。

100 千米高的极轨道上，设计寿命半年。

　　然而"嫦娥二号"到底是做什么的？很多人可能通过各种资料了解到，二号的任务首先是监测一号、协助一号，以获得更多准确的月球情报。但其实"嫦娥二号"的能力远比这些要强大很多，因为它还另外具备了观测地球上空气象，监视太阳粒子、太阳耀斑活动等能力，可以说是一颗十分全能的探测卫星。

　　除此之外，了不起的"嫦娥二号"还发现过一颗近地小行星。在突发情况面前，"嫦娥二号"还曾经为此进行一次紧急变道，科学家通过对"嫦娥二号"获得的数据进行仔细分析，得出了一个非常重要的宇宙信息：那就是这颗小行星正在不断靠近地球，而且按照它的运行速度，仅仅需要 11 年，就会碰到地球！

　　这个结论的得出难免令人非常不安，不过经过准确计算，好在这颗小行星的体积并不算十分巨大，未来选一个必要的时刻，对小行星进行太空拦截是完全可行的，人们提着的心才算放了下来。

　　也是通过这次观测，我的二号分身——"嫦娥二号"卫星充分体现了自己的能力，除了对一号卫星进行必要的护卫，它更是一颗具有多种功能与作用的独立卫星。于是人们给了它一个很神气的名字：神通广大的"嫦娥二号"空间探测器！

　　"嫦娥二号"最早是作为"嫦娥一号"的替补来计划的，但由于一号表现出色，所以就将原来的计划进行了深入，调整了二号的任务，将"嫦娥二号"改作我国探月工程二期的技术先导星，核心任务是用于试验接下来的"嫦娥三号"的部分关键技术，搜集积累相关重要经验，以最大限度地降低探月工程二期的技术风险，同时，仍然包括继续完成在"嫦娥一号"任务的基础上深入开展月球科学探测和研究的初始使命。

二号果然不辱使命，主要完成了两大任务，一是对新技术进行试验验证，对未来的预选着陆区进行高分辨率成像；二是获得更加丰富和准确的探测数据，深化对月球的科学认知。这些任务的完成，夯实了探月工程的地基，加快了整体工程进度，并且有些方面已经超过了先行者"嫦娥一号"。

据统计，与"嫦娥一号"相比，"嫦娥二号"实现了以下六个方面的技术突破：一是突破了用运载火箭直接把"嫦娥二号"发射至奔月轨道技术；二是首次试验了 X 频道深空测控技术，初步验证深空测控体制；三是首次验证了 100 千米月球轨道捕获技术；四是首次验证了近月点 15 千米、远月点 100 千米轨道机动与快速测定轨技术；五是首次试验了降落相机、监视相机、低密度校验码遥测信道编码和高速数据传输等技术；六是对"嫦娥三号"预选着陆区进行了高分辨率成像试验。

2010 年 11 月 8 日，"嫦娥二号"传回"嫦娥三号"预选着陆区月面虹湾区域局部影像图，这标志着"嫦娥二号"工程任务取得圆满成功。

2011 年 4 月 1 日，"嫦娥二号"月球探测器半年设计寿命期满。此后，它开展了三项拓展试验：一是在已获取 99.9% 月球图像的基础上，补全了月球南北两极漏拍点，获得了世界最全的高分辨率月球图；二是用主发动机降轨至 15 千米，再次对"嫦娥三号"预选着陆区虹湾地区进行了高清晰度成像，以验证在月球背面月球轨道器不可监测的条件下导航控制与推进系统的协同能力；三是离开了月球，飞往太阳与地球引力平衡点——日地拉格朗日 L2 点驻留，进行科学探测。

2011 年 8 月 25 日，不负使命的"嫦娥二号"在世界上首次实现了从月球轨道出发，受控准确进入日地拉格朗日 L2 点环绕轨道，使我国成为世界第三个造访日地拉格朗日 L2 点的国家和组织，还开

嫦娥二号全球月球 7 米分辨率影像图

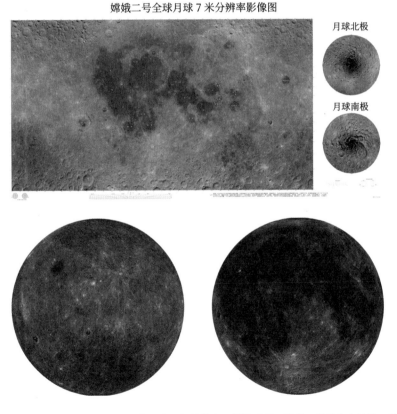

月球北极

月球南极

❦ "嫦娥二号"全月球数字影像图在空间分辨率、影像质量、数据一致性和完整性、镶嵌精度等方面优于国际同类全月球数字产品，是目前最高水平的全月球数字影像图。

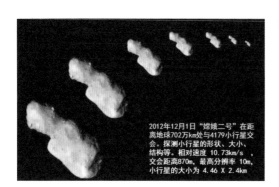

2012年12月1日"嫦娥二号"在距离地球702万km处与4179小行星交会。探测小行星的形状、大小、结构等。相对速度 10.73km/s，交会距离870m，最高分辨率 10m，小行星的大小为 4.46 X 2.4km

▶ "嫦娥二号"造访 4179 图塔蒂斯小行星，在国际上首次实现与小行星近距离交会，并获取分辨率优于 3 米的光学图像，我国迈进了原本只有美欧日成员的小行星探测"俱乐部"。

展了日地空间环境探测。而它的神通还在继续：

　　2012 年 6 月 1 日，"嫦娥二号"又成功变轨，脱离了 L2 点环绕轨道，飞往以凯尔特神话中的战神图塔蒂斯（Toutatis）命名的 4179 号小行星。同年 12 月 13 日，它成功飞抵距地球约 700 万千米的深空，以 10.73 千米 / 秒的相对速度，与图塔蒂斯小行星由远及近"擦肩而过"。这不仅是我国首次实现对小行星的飞越式探测，也是世界上首次对图塔蒂斯小行星进行近距离探测，使我国成为继美国、欧洲航天局和日本之后，全球第四个探测小行星的国家。

　　"嫦娥二号"工程的实施，创造了航天领域多项"世界第一"。2014年7月，已成为我国首个人造太阳系小行星的"嫦娥二号"，与地球间距离达到了1亿千米，从而为我国未来火星探测的测控通信奠定了基础。

　　如此来看，与二号取得的这些骄人成就相比，2010年"嫦娥二号"的发射等相关情况，似乎显得过于低调，至少比起载人航天及曾经"嫦娥一号"的万众瞩目，低调了很多，以至于很多人对"嫦娥二号"的任务不甚了解，对二号的强大神通更加不清楚。就拿世界上都知道的美国登月来说，全世界几乎无人不知、无人不晓，但是今天看来，与我们的二号相比，那时候的技术十分落后，今天的"嫦娥二号"采用的是最尖端的技术。

　　如今，"嫦娥二号"利用随身携带的CCD立体相机、激光高度计、X射线谱仪、γ射线谱仪、微波探测器、太阳高能粒子探测器、太阳风离子探测器等七种"武器"，留下了月球三维照片，还为研究月球土壤成分、测量月球化学元素、感知月球空间环境，留下了大量的科学探测数据，出色完成了四大科学探测目标。

一辆叫
"玉兔"
的月球车

一、我的另一只小玉兔

住在广寒宫这么多年的我，从没想过有一天我会以这样的方式，再次回到我曾经生活的华夏大地，目睹"当代神话"中国探月工程，邂逅我的五个分身。而更加令我没有想到的是，在这个"当代神话"的体系里，我居然遇到了另一只小兔子，它的名字，居然叫"玉兔"！也就是说，我的小玉兔，原来也有了自己神通广大的分身！我想，那只千百年来在月亮上日夜与我做伴的玉兔，听到这个消息，是不是也会和我一样欢喜雀跃呢？

说起来，这只小兔子可比我抱在怀里那只毛茸茸的、只会撒娇卖萌的小家伙厉害太多了，它实在是不简单。它的全称是"玉兔号"月球车。看看这名字，很牛吧，月球车！

哦，忘介绍了，月球车是"嫦娥三号"卫星探测器的一部分。在"嫦娥一号""嫦娥二号"卫星发射成功基础上，2013 年 12 月，中国发射第三颗月球探测卫星，实现"嫦娥工程"的重要一步——月球着陆。事实上，月球车是一辆巡视器，和"嫦娥三号"的着陆器共同组成了"嫦娥三号"探测器。

可能很多人对"玉兔号"这个名字很感兴趣，尤其是了解我们这个神话的人，应该很快会想到这个名字与"嫦娥工程"之间的联系。事实上，这个名字的确包含了这方面的重要因素，但是为它命名的整个过程却没有那么简单，因为这是一次全球性的征名活动，可以说是非常盛大，也非常难忘！

这次月球车征名活动从 2013 年 9 月 25 日开始，截止日期定在一个月后的 10 月 25 日。活动消息一经发布，瞬间得到全球航天迷的热烈响应，新华网、腾讯网陆续收到了全球名称方案多达 19.31 万个！广大民众不仅通过网页提交征名作品，还有很多人通过书信、电话、传真和 E-mail 等方式，积极为月球车征名活动贡献自己的智慧。他们中，有在校学生，有退休老人，有工人，有农民，有科技工作者，有解放军指战员，还有旅居海外的华人。

一个月的时间很快就到了，2013 年 10 月 26 日，来自社会各界的 14 位评审委员分别从文化内涵、航天事业、民族特征、创意等角度进行了仔细评审，经过多轮投票，最终选出玉兔号、探索号、揽月号、钱学森号、追梦号、寻梦号、追月号、梦想号、使命号、前进号这 10 个名称进入为期一周的网友投票名单。

投票阶段网友踊跃依然，原定 6 天时间的投票在网友的要求下延长 4 天。在 10 天的网上投票过程中，共计收到有效投票 344 万多张。其中，玉兔号得票 64 万多张，排名第一，其后依次是钱学森号、揽月号、寻梦号、前进号、探索号、追梦号、梦想号、追月号、使命号。

11 月 26 日上午，国防科工局召开了关于"嫦娥三号"任务的第一次新闻发布会。正是在这次会上，探月工程副总指挥李本正郑重宣布，中国首辆月球车——"嫦娥三号"巡视器全球征名活动结束，最后经探月工程重大专项领导小组批准，月球车的最终命名为票数勇夺榜首桂冠的"玉兔号"。

就这样，广寒宫玉兔的分身，诞生了！

会上，李本正还对这个名字的最终确定进行了说明：月球车的名称，充分体现了全国人民乃至全球华人的意愿，富有时代性、民族性、

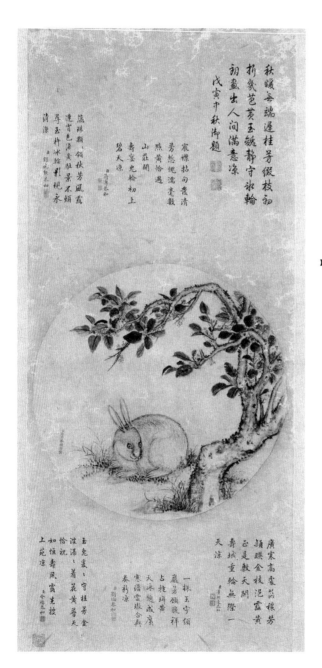

清代蒋溥《月中桂兔图立轴》，故宫博物院藏。图中有乾隆皇帝、蒋溥、刘统勋、董邦达、刘纶、介福的和诗。此图以墨笔绘圆月，月中玉兔生动可爱，桂花以橘黄色点染，为清冷月宫增添了几分暖意。

群众性，既体现了中华民族的传统文化，又反映了我国和平利用太空的宗旨。传说，当年嫦娥怀抱玉兔奔月，玉兔善良、纯洁、敏捷的形象，与月球车的构造、使命既形似又神似。大众的广泛参与和评论饱含着民族文化的深厚内涵和对中国航天的丰富情感。我们对征集收到的名称，组织了由科技专家和文化专家组成的评委会，依次进行入围初评、网上投票和终审评审，收到了有效投票 344.52 万余张，其中玉兔号 64.99 万余张，得票第一，并通过终审评审。

"玉兔号"月球车是中国的首辆月球车，首辆！

它的设计质量 140 千克，能源为太阳能，能够耐受月球表面真空、强辐射、零下 180 摄氏度到零上 150 摄氏度极限温度等极端环境，具备 20 度爬坡、20 厘米越障能力，并配备有全景相机、红外成像光谱仪、测月雷达、粒子激发 X 射线谱仪等科学探测仪器。所以说，这只小兔子既是"嫦娥三号"的一部分，又是一辆有着自己独立任务的巡视器。

还别说，第一次看到这只小玉兔的时候，真的感觉特别亲切，因为它和"嫦娥三号"的组合，使我第一次真真切切地想到了自己，以及那只还在广寒宫里等着我的小家伙。想想看，和三号紧紧依偎的"玉兔"，多么像曾经广寒宫里的我们！

也因此，我对这只小兔子格外感兴趣。我查阅资料，了解到在它之前世界上发射并成功运行的月球车只有区区 5 辆。其中，苏联在 20 世纪 70 年代发射 2 辆无人探测月球车；另外 3 辆是有人驾驶的，美国阿波罗号携带的月球漫游车（Lunar Roving Vehicle，LRV）。这次中国的"玉兔号"月球车也是无人驾驶月球车，因为质量仅仅 140 千克，与苏联的月球车相比是"小个子"。不过，别看它个子小，本事可大着呢！

　　这个不同寻常的小家伙模样也很萌，堪称科学界的萌娃。它呈长方形盒状，长 1.5 米，宽 1 米，高 1.1 米，身披黄金甲，周身耀眼夺目，煞是威风。

　　实际上，它的黄金甲，是为了反射月球白昼的强光，降低昼夜温差，同时阻挡宇宙中各种高能粒子的辐射，支持和保护月球车腹中的"秘密武器"——红外成像光谱仪、激光点阵器等十多套科学探测仪器。

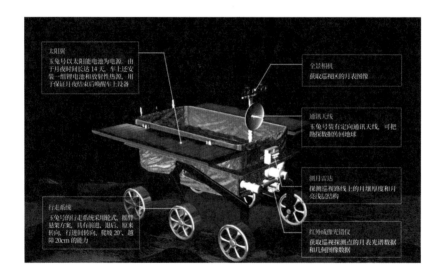

太阳翼
玉兔号以太阳能电池为电源，由于月夜时间长达 14 天，车上还安装一组锂电池和放射性热源，用于保证月夜结束时唤醒车上设备

全景相机
获取巡视区的月表图像

通讯天线
玉兔号装有定向通讯天线，可帮助探数据传回地球

测月雷达
探测巡视路线上的月壤厚度和月亮浅层结构

行走系统
玉兔号的行走系统采用轮式、摇臂悬架方案，具有前进、退后、原来转向、行进间转向、爬坡20°、越障20cm 的能力

红外成像光谱仪
获取巡视探测点的月表光谱数据和几何图像数据

　❥ "玉兔号"月球车结构功能示意图。"玉兔号"是一辆六轮全驱的月球车，由 9 个分系统组成，具有小型化、低耗能、高集成等特点。它是个高智能机器人，其综合电子分系统相当于人的"大脑"，导航与控制系统相当于"五官"，热控起到调节"体温"的作用，机械臂是"胳膊"，轮子是"脚"，结构与机构是"骨骼"。

它的肩部有两片可以打开的太阳能电池帆板，腿部是六个轮状的移动装置。因为"玉兔号"是巡视器，有巡视月表的重要使命，对"车轮"的要求是非常非常高的，在研制中曾一度列出了四轮、六轮、八轮以及履带式等几十种方案。经过认真实验，最终确定了现在的"六轮独立驱动，四轮独立转向"方案。

"玉兔号"上还装有地月对话通信天线，头顶的导航相机与前后方的避障相机，负责钻孔、研磨和采样的机械臂。

最重要的是，中国探月工程总设计师吴伟仁说，"玉兔号"的所有构造实现了全部的"中国制造"，国产率达 99.9%，真的是太让人骄傲了。

这个国产的小兔子，在月球上的一举一动时刻牵动着所有人的目光。

2013 年 12 月 2 日 1 时 30 分，在西昌卫星发射中心"嫦娥三号"探测器被成功送入轨道。12 月 14 日 21 时 11 分，"嫦娥三号"成功着陆在月球西经 19.5 度、北纬 44.1 度的虹湾以东区域，随即按计划开展了着陆器与巡视器分离各项准备工作。

关于着陆地点，这里容我卖弄一下我学到的知识，我也是第一次知道，原来在我生活的月球上，居然早就有人把很多地方以海、洋来命名。古人望月，以为看到的是海，其实不是。这次"玉兔号"的着陆地点叫作"虹湾区"，位于月球北纬 43 度左右、西经 31 度左右，南北长约 100 千米、东西长约 300 千米。此次探测的只是虹湾区的一部分，大约 5 平方千米。之所以选择在虹湾区落月，是出于多种综合因素的考虑：一是这里比较平坦，落月比较安全；二是尚未有人类探测过，科学价值更高；三是能实现正面直接测控通信；四是太阳光照较好，能保证探测器的太阳能电池板正常工作。

23时45分，地面科技人员对两器分离的实施条件，包括着陆点环境参数、设备状态、太阳入射角度等进行了最终检查确认，随后向"嫦娥三号"发送指令，两器分离开始。

一切都考虑周全了，小兔子开始准备着陆。

只见着陆器通过反推发动机缓冲，在月面徐徐降落，舱门缓缓打开，弹出斜梯。小兔子缓缓舒展蜷缩的身体，调整好姿态，走出舱门，滑下斜梯，开始漫步月球……此前"玉兔号"月球车由着陆器背负，通过光学、微波等敏感器测量，在月球上空悬停、平移、避障，选择最佳着陆点安全降落月球表面。在这个过程中，着陆器将采取路径优、燃料省、误差小的模式实现安全着陆，小心翼翼，又准确无误。

安全着陆后的小兔子，本事开始渐渐显示出来，它依靠自主导航，选路线、上下坡、避障碍，走走停停，而且好有趣地边走边看，但是工作起来可绝不含糊。它沉稳地把探测到的数据自动传回了地球，让人们直接准确地了解了38万千米外一直仰望了千万年的月亮。

萌萌的小兔子其实有着很深的城府，看看吧，月球车底部居然安装了一台测月雷达。这个雷达可不是一般的雷达，因为它发射的雷达波，可以准确探测二三十米厚的月壤结构，还可以对月球下面100米深的地方进行探测。这样艰巨的任务，这样有限的时间，但是小兔子毫不含糊，开启的是高效工作模式——依靠各种先进设备，对月表进行三维光学成像、红外光谱分析，开展月壤厚度和结构科学探测，对

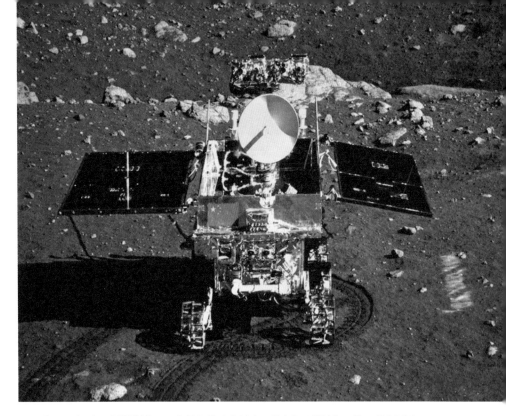

➥ "嫦娥三号"探测器拍摄的"玉兔号"月球车照片。此次与"嫦娥"互拍，是中国国旗在地外天体上的第一次"留影"。

月表物质主要元素进行现场分析等，忙得有条不紊。

　　小兔子的行动能力也不容小觑，从它在月面的移动就可以看出，"玉兔号"月球车具备 20 度爬坡、20 厘米越障的本事。

　　最关键的是月球与地球的差别，月球的重力约为地球重力的六分之一，而且月球表面土壤非常松软，又凹凸不平，有石块、陨石坑，还有陡峭的高坡。这就要求月球车既不能打滑，更不能翻车，看看，要求多高！但是我们的小兔子完全有能力去克服这一切困难，因为"玉兔号"上有全景相机和导航相机，而且有四台，将对这一切难题进行全方位的解决——通过相机"观察"周围环境，对月面障碍进行感知和识别，然后对巡视的路径进行规划；遇到超过 20 度的斜坡、高于 20 厘米的石块或直径大于 2 米的撞击坑，能够自主判断安全避让，完成计划的行走路线，真是太厉害了。

二、神奇的行动和修复能力

不过身负重任的"玉兔号"月球车在月面行走，仍然面临着重重风险，比如月壤的细粒会大量扬起，形成月尘，一旦附着在月球车上很难清除，并有可能引起月球车的很多故障，包括机械结构卡死、密封机构失效、光学系统灵敏度下降等等。因此，小兔子其实是与风险时刻相伴的。

为了规避一切可能出现的问题，科学家们付出了难以形容的辛劳。他们创造了月表形貌综合模拟试验控制室，为模拟月球环境，特地从长白山运回与月球表面物质成分相近的火山灰，并通过钢丝吊挂月球车，模拟微重力环境，以得到最为精确的数据。功夫不负有心人，经过测试，"玉兔号"月球车在月面巡视时，采取自主导航和地面遥控的组合模式，不仅可以自主前进、转弯、后退，还可以原地打转、横向侧摆，确保在危机四伏的月面上畅行无阻。真是只有神通的小兔子！

更厉害的，是这个小兔子的胳膊。因为它被称为"玉兔之手"——机械臂，就是它，对脚下月壤成功实施了首次月面科学探测。其中过程可谓几经波折，由于受到了月球车活动维度限制和避障等一些因素的影响，这条机械臂每完成对一个预定目标点的探测，大概就要经过将近 20 个操作步骤，而这其中的每一步操作，都必须保证经过极其精密的准确计算，才可以最终完成任务。我记得机械臂控制软件设计师荣志飞有一个特别形象的说法："此次探测的精度要求高，操作控制难度大，就如同控制 38 万千米之外的'手'穿针引线，稍有偏差就会前功尽弃。"

小小玉兔本领惊人，它的科学发现也很惊人。它在 C1 陨石坑周边进行了 114 米的地质实测，获得了丰富而珍贵的月球地质资料。正是它获得的这些珍贵数据，让科学家完成了科学成果，并且发表在了世界顶级科学期刊《科学》（Science）上，这样的成绩产生了很大的反响。

比如，小兔子用自己携带的测月雷达探测到的数据就清晰地显示出，在"嫦娥三号"的着陆区表面下至少分为 9 层结构，这表明在那里曾发生过多个地质学过程。这个发现，对于探索月球的岩浆演化历史及后期改造作用等领域都具有十分重要的意义。这一切可以说也是中国的"嫦娥工程"实施以来，首次在国际顶级学术期刊上获得的科

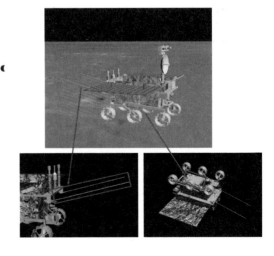

测月雷达模型图及天线安装位置。"玉兔号"月球车底部安装了超宽带测月雷达，可用于在巡视路线上直接探测 30 米内月壤结构和测量月面以下 100—200 米深处的浅层月壳结构。这在世界上是首次应用。

学成果，有高度，有唯一性，极具世界性科学价值。

　　最厉害的，是这只小兔子对温度的耐受。

　　今天的科学家们早已经知道，月球昼夜温差非常大，在白昼时温度高达 150 摄氏度，而在黑夜时低至零下 180 摄氏度。对于这样极端的温差，地球上的人几乎是不能想象的。科学家们为了让这只小兔子适应极端的月面环境，进行了精心设计，使它最终能够利用导热流体回路、隔热组件、散热面设计、电加热器、同位素热源等，实现了耐受 300 摄氏度以上的温差。厉害吧，300 多度温差，这才真的是神话！

　　尽管有这么大的本事，小兔子终究还是需要适当休息的，而它自身也自带精准的休眠模式——这就说到了月球上的昼夜，月球绕地球转一圈需要 28 天多，月球自转也是 28 天，就是说月球上的一昼夜相当于地球上的 28 天，月球上的一晚相当于地球上的 14 天。月面

▶ 自 2013 年 12 月 15 日 "玉兔一号" 在月球正面留下中国探测器的第一履足迹起，这只小兔子在月球上工作了 972 天。

夜间最低温度可以降至零下 180 摄氏度，电子设备根本无法工作。针对这种情况，科研人员悉心为这只身负重任的小兔子设计了休眠模式——先用 14 天来工作，再用 14 天来"睡觉"。这简直是太有趣了，这样的工作与睡觉模式也是绝无仅有的。

当需要睡觉时，小兔子就自动进入休眠状态养精蓄锐；到了该起床的时刻，它又能自动唤醒自己，重新投入下一轮工作。这就是月球上的"日出而作，日落而息"，这样的设计非常科学，最大限度地增强了这只小兔子适应月表恶劣环境的能力，令人赞叹不已。

然而，凡事都有两面性，更别说这样复杂的航天科学工程，所以有时也会发生故障。这不，小兔子就出现了一次意外情况。在 2014 年 1 月 25 日进入第二个月夜休眠日前，小兔子受复杂月面环境的影响机构控制出现了异常。

有关方面立即组织专家进行排查。据了解，月球车上包含氢、氦、锂等至少 40 多种化学元素，在如今的实验阶段又涉及另外几种元素。自 2013 年 12 月 14 号"嫦娥三号"实现月面软着陆以来，其实着陆器和月球车已经完成了两个月昼夜期间的工作，大家都期待着它能尽快恢复正常。很多关注小兔子的网友，也用各种方式表达了对小兔子的祝福，祈祷它快点醒来。

时间已经来到了"嫦娥三号"结束第二次月夜休眠的日子，但是，贪睡的小兔子仍然没有醒来……依旧在祈祷，依旧在期待。

也许是小兔子接收到了人们的心意，终于出现了转机！探月工程新闻发言人裴照宇在 2014 年 2 月 12 号 9 点半称，"玉兔号"已全面苏醒，只是目前仍存在故障无法移动，就是说暂时不可以在月球上自由行走了。科研人员说，以前美国发射的火星探测器也出现过动不了的情况。工作人员并没有放弃对故障的分析和排查，以后有可能"玉兔号"在某种情况下会恢复正常。

但是，五个月的时间过去了，2014 年 7 月"嫦娥三号"探测器系统副总指挥、副总设计师，上海航天技术研究院张玉花研究员表示，"玉兔号"已成功唤醒，但故障仍未排除。她说，"玉兔号"2014 年 1 月开始出现机构控制异常，第二月昼期间"玉兔号"在行进中被石块磕碰"受伤"，随后进入在月球上的第二个夜晚。到了 2 月中旬，第三月昼来临，科研人员想尽各种措施，呼唤小兔子醒来。就在人们觉得希望渺茫的时候，"玉兔号"被成功唤醒，"它比我们预料的更棒、更顽强"。

顽强的小兔子令人赞叹，更让人感叹的是，小小的它将顽强坚持到底。2014 年 9 月 4 日，由国家航天局和澳门特区政府联合主办的"九天揽月：中国探月工程展"举行新闻发布会。时任国家航天局探月与航天工程中心研究员、中国探月工程总设计师吴伟仁说，月球车出现故障，说明我们对月球环境仍然缺乏了解，比如对月尘的认识非常不足。月尘比我们地球上沙漠里的沙子要细小得多，精密的月球车只要有一点点月尘进入，就有可能造成短路，从而让其移动系统发生故障。除了移动系统外，月球车搭载的四大科学仪器运行正常。"玉兔号"的设计寿命是 3 个月，已经工作到第 10 个月了，算是超期服役。

不可否认，它的功能也会随着时间的延长而逐渐衰竭。但工作到第 10 个月的小兔子，显然已经远远超过了预期，比预计工作时长的两倍还要多。

其实，这只小兔子还有一个更具科技含量，也更普遍的名字：智能机器人。但是此刻，还是作为月球车的它，更具有崭新的意义。

有趣的是月球车也有一个科技含量高的名字：月面巡视探测器。无疑，这是指能够在月球表面行驶并完成月球探测、考察、收集和分析样品等复杂任务的专用车辆，也就是我们今天看到的"玉兔号"月球车。

说起月球车的历史，还真的有必要梳理一下，也是让人们可以更形象、更具体地了解我们今天神通广大的小兔子。据资料记载，世界首辆无人驾驶月球车，叫"月球车 1 号"，在 1970 年 11 月 17 日，由苏联发射的"月球 17 号"携带踏上月球。当时着陆的地方叫"雨海"。它着陆后行驶了 10.5 千米，进行了 10 个多月的科学探测，考察了 8 万平方米的月面，携带的能源耗尽后于 1971 年 10 月 4 日停止了本次考察工作。

美国的世界首辆有人驾驶月球车于 1971 年 7 月 31 日由"阿波罗 15 号"带上月球，落在了月球的雨海区。第二天，宇航员斯科特和欧文完成了人类航天史上第一次有人驾驶的月球车行驶。两名宇航员驾驶 4 轮月球车，在崎岖不平的月球表面行驶了 27.9 千米，收集了 77 千克月岩样品，之后返回了"阿波罗 15 号"的登月舱。可以说，人类在月球上的行驶是非常不易的。美国共有三辆有人驾驶月球车登月。

◗ 苏联研制的"月球车1号"模型，装有摄像机和探测土壤的仪器。在321个地球日里，"月球1号"共在月球表面行驶了10.5千米。

◗ 1973年1月苏联的"月球车2号"由"月球21号"搭载着陆月球。

◗ "阿波罗15号"搭载的美国第一辆载人月球车。

"阿波罗16号" ☾
搭载的月球车。

"阿波罗17号" ☾
搭载的月球车。

随着世界科学技术的飞速发展，随着人类重返月球热潮的不断升温，热爱科学的人越来越多，相信在未来会出现更先进的新一代月球车。

让我们认真记住"玉兔号"月球车年轻而非凡的履历：

2013 年 12 月 14 日，北京航天飞行控制中心飞控大厅屏幕上，"嫦娥三号"着陆器安然挺立在月面，太阳翼呈展开状态。"玉兔号"巡视器立于着陆器顶部，展开太阳翼，伸出桅杆。

15 日 3 时 10 分，"玉兔号"开始向转移机构缓慢移动。

4 时 06 分，转移机构正常解锁，托举着"玉兔号"展开并降落，接触月面，然后在着陆器与月面之间搭起了一架斜梯。

随后"玉兔号"沿着斜梯缓缓而下，4 时 35 分踏上月球，在月面留下一道深深的痕迹。着陆器监视相机完整地记录下这一过程，并及时将成像数据传回地面。

23 时 45 分，"玉兔号"完成围绕"嫦娥三号"旋转拍照，47 分，着陆器排下月球车身上的五星红旗，并传回清晰的照片。

2014 年 1 月 25 日凌晨，"玉兔号"进入第二次月夜休眠。但在休眠前，受复杂月面环境的影响，机构控制出现异常。

2 月 10 日，第一次唤醒失败。

2 月 12 日夜，"玉兔号"已全面苏醒，状态趋于好转，但是出现问题的机构仍然有待进一步恢复。

2 月 23 日凌晨，"嫦娥三号"着陆器再次进入月夜休眠。此前，"玉兔号"于 2014 年 2 月 22 日午后进入梦乡。

4 月"玉兔号"设计寿命已满。

7月"玉兔号"带故障被唤醒。

9月6日"玉兔号"进入第10月昼工作期,超长服役7个月,并首次发布拍摄落月区全景图。

2015年3月24日,"玉兔号"进入了第四个月夜休眠期。虽然之前出现了机构控制异常,但其实它只是无法如常运动,"脚不太灵光了,但脑子、嘴巴、心脏、耳朵都正常"。在过去十多天的月昼期间,除了原来的故障没有排除外,其他都是正常的。功能和原来相比没有太大变化,载荷也没有太大变化。

2016年7月31日晚,"玉兔号"月球车超额完成任务,停止工作,着陆器状态良好。"玉兔号"预期服役三个月,时间过去了两年半多,也是超长服役两年多。

请允许我先沉默一会儿。

…………

"玉兔号"月球车为中国在月球上留下了第一个足迹,意义深远。它一共在月球上工作了972天。正是这些作为深空勇士的探测器们,为未来必定进行的更多载人登月工程打下了坚实的基础,获取了最为宝贵的经验。

眼下这只乖乖的小兔子,这只神通广大的智能机器人,如此安静,却仿佛在用无声的语言诠释着另一个更加重大的主题。因为它们联袂而生,联袂而登月,既可以说是伴生的,也可以说根本就是一体的,它也就是我的第三个分身:"嫦娥三号"探测器。

"嫦娥三号"的出场,注定是不平凡的,注定无法不令世界为之瞩目,因为它是中国航天领域迄今以来最复杂、难度最大的科学任务之一。

　　是它实现了中国航天器具有划时代意义的首次地外天体软着陆，可以说，这不仅是我们中国航天的新纪元，更是世界意义上的大事件。因此，"嫦娥三号"着陆器和"玉兔号"巡视器的联袂落月，以及此次探月的任务与科学经验，必将为中国未来的载人登月计划，奠定最为关键

的航天基础，更对整个探月工程，乃至整个中国航天事业未来更多更远的深空探测计划，具有极为重要的历史意义。

作为探月工程二期的主任务，也是"三步走"中的最关键一步，是它们，为"嫦娥工程"的"绕""落""回"三部曲，谱写了第二部曲"落月"的美妙华章。

划时代的
"嫦娥三号"

第 八 章

一、一骑绝尘惊世人

隆重登场的我的三号分身——"嫦娥三号"，全称叫"嫦娥三号月球探测器"，说起来它的来头可不小，因为它不仅是"嫦娥工程"二期中的一个探测器，而且是中国第一个月球软着陆的无人登月探测器。它的组成也更复杂，由月球软着陆探测器（简称着陆器），以及月面巡视探测器——也就是我的另一只小兔子"玉兔号"月球车共同组成。

自 2013 年 12 月 14 日"嫦娥三号"顺利完成月面软着陆以来，不停地创造着世界纪录，比如全世界在月工作最长的纪录，其拍摄的月面照片，是人类时隔四十多年首次获得的最清晰的月面照片。这些照片中包含着大量珍贵的科学信息，但是我们有足够的科学自信与世界眼光，照片和数据已经向全球免费开放共享。这是大眼界，更是大手笔。

"嫦娥三号"的巨大成功，源于着陆器与巡视器的精诚合作，以

▶ "嫦娥三号"由月球软着陆探测器（简称着陆器）和月面巡视探测器（"玉兔号"月球车）构成。

及各自精彩地完成了自己的既定使命，神话中的嫦娥与小兔子，这一次联袂创造了"当代神话"。当然，它们身上的顶尖科技含量，也是成功的最佳保证。

着陆器上的月基天文望远镜，在近紫外波段对各种天体变源的亮度变化进行连续监测，观测到 23 颗星象。

"玉兔号"月球车上的全景相机在多点对着陆器进行成像，并对巡视器周围月面进行 360 度环拍，获取了多幅图像数据。

测月雷达获得两个通道探测数据，分别探到了月表下 140 米内和 10 米内的浅层结构。这些科学探测数据为建立巡视探测区地形地貌、地质构造，物质成分和浅层结构于一体的综合地质剖面，以及区域地球化学与构造动力学研究打下了基础。

"嫦娥三号"完美地实现了中国航天器首次地外天体软着陆，科学家们在它身上运用了多项新研产品和技术，可谓"创新性强，技术复杂，难度极高，风险巨大，责任重大，使命光荣"。其中，最为关键的要数降落月球这一环节。很多关注中国探月的人也对其中的细节非常感兴趣，这一点在 2013 年新华网对欧阳自远院士的一次专访中，可以找到更确切、更详尽的答案。

欧阳自远院士说，因为这是中国第一次在另外一个天体上实现软着陆，整个过程没有经验可以遵循。月球车是被锁在着陆器里的，开始是一块儿降落在月球上的，这要经历几个关卡：

第一，"嫦娥三号"从地球上飞过去要被月球抓住，跑得太快就飞跑了，跑得太慢就撞上去了，所以速度、距离一定要恰到好处。要刚好飞到月亮边，被月亮抓住，变成月亮的卫星。

第二，要安全着陆。"嫦娥三号"不能像"嫦娥一号"那样在月球上硬着陆，要软着陆。软着陆遇到的最大困难是什么呢？因为月亮上没有空气，在真空里降落伞毫无作用，所以必须把它调整到很低的位置，朝着目标降落。下降速度越来越快的话，"嫦娥三号"到了月球表面就会被砸碎，因此只有一个办法，就是在着陆器下方安装几台发动机，把整个着陆器往上推，这样就可以慢慢降落。

第三，选择降落在哪个位置也有难度，因为那个时候得临时作出判断。着陆器是智能的，大概飞到离月球表面 100 米高的时候，会有安装的相机拍照，然后迅速反馈给它，比如下面有大坑，需要挪个地方，它自己就会平移，挪到照相机告诉它地面平了时，才会降落。

第四，降到离月面 4 米高时停在那儿，然后把底下的发动机关掉，那个时候落下来才是安全的。着陆器落下来以后，得把太阳能电池板打开接收能源，所以一定要在白天降下去，有时间可以从容地测试里面的仪器。全部调试后，就可以开始工作了。

听着欧阳自远的讲述，不知道有没有人和我一样，脑海中充满了强烈的画面感。我的三号分身，历经波折又小心翼翼，心惊胆战又自信笃定，在遥远的月球，在全世界的瞩目中，创下一个又一个新纪录，走出了中国探月的崭新里程。我情不自禁地再次回到那个最初的时刻，看看怀抱小兔子的"嫦娥三号"是如何一飞冲天的。

2013 年 12 月 1 日 19 时 30 分，西昌卫星发射场，群山环抱中，长征三号乙运载火箭静静地等待将"嫦娥三号"送入太空。这个场景是不是很熟悉？2007 年 10 月 24 日 18 时 05 分，西昌卫星发射中心，群山环抱中……不过，那时候要飞天的是"嫦娥一号"。

2013 年 12 月 2 日，
搭载着我国"嫦娥三
号"探测器的长征三
号乙运载火箭在西
昌卫星发射中心点火
起飞。

　　六年时间里，我的家族从一个壮大到三个，但是我依旧像第一次看到这种发射场景一样激动和自豪。这里不再赘述过程，我主要想分享一些更有意思的场景。

　　在这次任务中，要求"嫦娥三号"一次进入地月转移轨道。有了之前积累的诸多经验，整个探月工程的上万名参试人员和数万台（套）设备，开始更加从容地开展工作。得益于西昌卫星发射中心先后建成的远距离测发指挥监控系统、测控指挥监视可视化系统，以及包括测控设备更新换代等在内的上百项技术改进，发射场更加可靠精确。

　　2 日 1 时 48 分，器箭分离。指控大厅里的工作人员脸上露出了笑容。这是西昌卫星发射中心组建以来的第 83 次发射，也是全世界第 130 次月球探测活动。

"嫦娥三号"正按照预定路线进入近月轨道，接下来将经过主减速段、快速调整段、接近段、悬停段、避障段、缓速下降段等 6 个阶段的减速，实现从月距面 15 千米的高度下降至月球表面。

2 日 2 时 18 分，太阳翼展开。西昌卫星发射中心主任张振中宣布："嫦娥三号"发射任务取得圆满成功。此时，"嫦娥三号"卫星正在浩渺太空快速飞行。月宫，将首次迎来中国访客。

我的眼睛湿润了，这可是我的黄皮肤、黑头发的同胞第一次派人

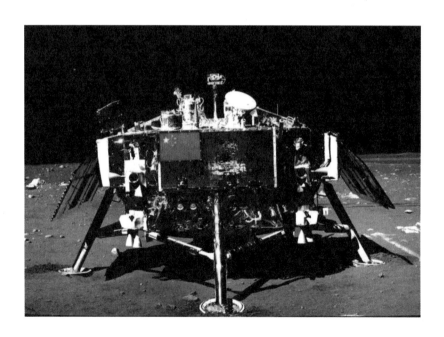

🐦 "玉兔号"月球车搭载的全景相机拍摄的着陆器。2013 年 12 月 14 日 21 时 11 分，"嫦娥三号"探测器在月球虹湾区成功实现软着陆。这是我国航天器首次在地外天体软着陆。

来月宫，还带来了我最亲密的伙伴小兔子。

参加过"阿波罗计划"的美国麻省理工学院教授劳伦斯·扬说，中国正大力推进人类航天探索，其探月计划理智、乐观。中国航天的成功率超出国际航天界预想，"他们的进展比我们预料的更快"，"落月很不容易，我们赞赏中国从事这一有难度的探测项目"。

曾为欧洲航天局研制火星着陆探测器的英国科学家科林·皮林格表示，落月项目再次显示中国在航天科技领域的雄心，也展现出了不起的成就。全球除了美国和俄罗斯以外，只有中国拥有自己的月球着陆器。

德国《明镜》周刊网站载文称，此次落月探测是"中国在雄心勃勃的太空计划中迈出的又一步伐"。即将月面漫游的巡视器名为"玉兔"，这个名字源自嫦娥怀抱的白兔。中国计划在2017年从月球带回标本。

英国《独立报》的报道说，此次发射任务与中国近年来空间技术能力有条不紊的发展十分契合。与中国保持密切合作的欧洲航天局，将紧密关注此次任务实施过程。欧洲航天局载人航天项目主管托马斯·瑞特说，无论是否载人航天探索，都需要国际合作，这种合作对参与各方都有益处。欧洲航天局与中国的合作将继续深化。

西班牙《国家报》的报道指出，"嫦娥三号"广受关注，正在绕月轨道运行的美国月球大气与尘埃环境探测器将对其进行观测。近年来部分国家的航天活动由于缺乏支持，其太空计划飘忽不定。中国则制订了有效的探月计划。

英国新科学家网站上的一篇文章则写道，月球有一阵子没迎来客人了，中国的落月探测"将是个壮举"。

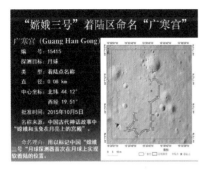

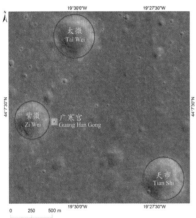

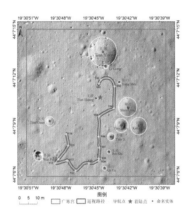

◗ 经过为期 3 个月的公示，国际天文学联合会于 2016 年 1 月 4 日正式批准我国"嫦娥三号"着陆区 4 项月球地理实体命名："广寒宫""紫微""天市"和"太微"。

　　是的，是壮举，毫无疑问的世界壮举；是神话，不折不扣的"当代神话"。世界的目光被遥远的月球吸引，为遥远的东方华夏折服，为月球上演的"当代神话"震撼、惊叹。

　　科技是人类文明不断升级发展的坚实力量，而神话是人类精神世界的家园、安放与寄托，从古至今，从东到西。今天，当科学与神话完美合体，并如愿缔造出震撼世界的"当代神话"时，如何不令人激动，令人振奋，更令人充满对未来的无限希冀？

二、"嫦娥三号"命运中的 2、3、5、7

成功发射的焰火还在太空闪耀，人们尽情的欢呼还在口中呢喃，作为仙子的我，眼中激动的泪水还在，但是科学家们，这些缔造了"当代神话"的功勋和英雄们，却更加冷静沉着。因为只有他们知道，科学之路的艰辛、多变、崎岖与时时刻刻相伴的风险，他们更知道，保证一切成功的唯一条件，就是过硬的科学水平，唯有如此，才能在一次次的太空航天事业中取得骄人战绩。

为保证"嫦娥三号"此次落月一切顺利，迅速应对有可能出现的风险，科研人员此前已经做了充分的准备，并做好了对应的预案。

那么，"嫦娥三号"命运中的 2、3、5、7 到底是什么？总结起来，就是两大挑战、三大目标、五大系统，以及七大看点。

落月的风险牵动着人们的神经，如何度过极寒黑夜更加让人忧心忡忡。这就是当时面临的最重要的两大挑战。

而我们坚韧不拔的科学家们，早在设计之初就根据对各种风险的预见，制订了对应的解决方案：

针对落月时的风险，对应的就是着陆缓冲。研制团队充分考虑了月壤物理力学特性对着陆冲击、稳定性的影响以及月尘的理化特性等，采用特殊的材料、设计和工艺，研制出全新的着陆缓冲系统，确保探测器实施软着陆过程中，在一定姿态范围内不翻倒、不陷落，并为探测器工作提供牢固的支撑。针对月面极寒黑夜生存的挑战，探测器在月昼高温下的热排散问题和月夜没有太阳能可利用时如何保证温度环境的问题，科研团队同样做了最为严谨的分析，采用了全球首创的热控两相流体回路来进行温度保证，然后用此前从未在卫星上用过的可变热导热管，来攻克月面生存的最大难题。

　　"嫦娥三号"之后在探月中的一切成就，证明科学家们成功了，他们做到了。

　　接下来就是"嫦娥三号"初始设定的三大目标了。"嫦娥三号"要完成的主要任务是突破月面软着陆和月面巡视勘察，因此，科研人员第一项目标就是突破月面软着陆、月面巡视勘察、深空测控通信与遥操作、深空探测运载火箭发射等关键技术，提升航天技术水平。接下来的第二项目标是研制月面软着陆探测器和巡视探测器，建立地面深空站，获得包括运载火箭、月球探测器、发射场、深空测控站、地面应用等在内的功能模块，具备月面软着陆探测的能力。第三是建立月球探测航天工程基本体系，形成重大项目实施的科学有效的工程方法。三个目标如今看来也已经顺利实现了。

　➤　"嫦娥三号"飞行轨道示意图。

"嫦娥三号"的五大系统，一直是世界瞩目的核心。

第一是探测器系统，由中国航天科技集团公司负责，主要任务是研制"嫦娥三号"月球探测器。探测器由着陆器和巡视器（俗称月球车）两器组成。着陆月面后，在测控系统和地面应用系统支持下，探测器携带的有效载荷开展科学探测。

第二是运载火箭系统，主要任务是研制长征三号乙改进型运载火箭，在西昌卫星发射中心，将"嫦娥三号"探测器直接发射至近地点高度200千米、远地点高度约38万千米的地月转移轨道。

第三是发射场系统，即西昌卫星发射中心，承担"嫦娥三号"发射任务。发射场系统通过适应性改造，具备长征三号乙改进型火箭的测试发射能力。

测控系统是第四个系统亮点，主要任务是运载火箭和探测器在各飞行阶段及探测器在月面工作阶段的测控、轨道测量与确定、月面目标定位，以及落月后着陆器和月面巡视器的控制。

最后的地面应用系统，主要任务是根据科学探测任务，研究提出有效载荷配置需求，制订科学探测计划和有效载荷运行计划，监视着陆器和巡视器有效载荷的运行状态，编制有效载荷控制指令和注入数据，完成有效载荷运行管理。使用北京密云和云南昆明两个地面站并行工作，同时接收着陆器和巡视器的下行探测数据，进行本地储存和备份；对科学探测数据进行处理、解译，组织开展科学应用研究；受探月与航天工程中心委托，管理科学探测数据并按规定分发数据产品。

这五大系统的专业性数据，也许普通人并不能完全明白其中的科学深度，却让人更加感觉到三号的不凡。这只怀抱小兔子的三号，也是最为接近华夏神话中我的形象的三号。它们一路而来，无论是科研团队艰辛的探索历程，还是成功落月后一波三折的探月历程，都对整个探月工程，甚至中国航天具有非比寻常的意义。

"嫦娥三号"的七大看点，被认为是最值得期待的。

第一，首次实现我国航天器在地外天体软着陆。目前，全世界仅有美国、苏联成功实施了13次无人月球表面软着陆。如果"嫦娥三号"成功落月，中国将成为世界上第三个实现月球软着陆的国家。

第二，首次实现我国航天器在地外天体巡视探测。全世界只有美国实现了载人登月。苏联开展了两次月面无人巡视探测任务。如果"玉兔号"月球车在月面"走起来"，中国将成为世界上第二个实施无人月球巡视探测的国家。

第三，首次实现对月球探测器的遥操作。"玉兔号"月面巡视探测采用自主加地面控制相结合的方式。地面根据环境参数对"玉兔号"进行任务规划，而巡视器自主完成局部规划、避障并具备安全监测和应急保护的能力。

第四，首次研制我国大型深空站，初步建成覆盖行星际的深空测控通信网。掌握了大口径、高效率天线关键技术，实现了高精度、快速测定轨和月面定位目标。

第五，首次在月面开展多种形式的科学探测。"嫦娥三号"的着陆器和巡视器分别搭载四台科学载荷，用于月表形貌与地质构造调查、月表物质成分和可利用资源调查、地月空间和月表环境探测与月基光学天文观测。

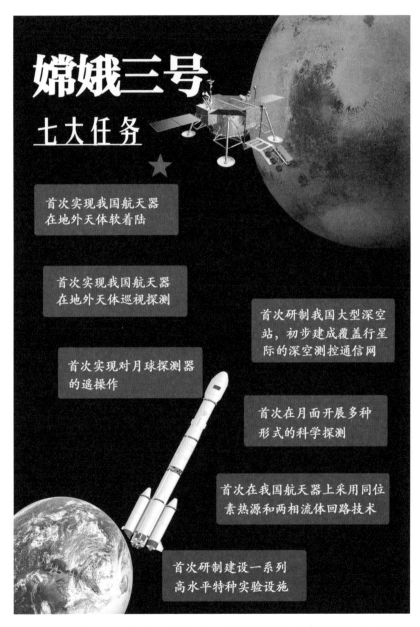

嫦娥三号

七大任务

首次实现我国航天器在地外天体软着陆

首次实现我国航天器在地外天体巡视探测

首次研制我国大型深空站，初步建成覆盖行星际的深空测控通信网

首次实现对月球探测器的遥操作

首次在月面开展多种形式的科学探测

首次在我国航天器上采用同位素热源和两相流体回路技术

首次研制建设一系列高水平特种实验设施

➤ "嫦娥三号"任务的七大看点。"嫦娥三号"任务的圆满成功,标志着我国探月工程"绕、落、回"第二步战略目标的全面实现，在我国航天事业发展中具有重要里程碑意义。

第六，首次在我国航天器上采用同位素热源和两相流体回路技术，确保探测器在极端温度环境下的月面生存。

第七，首次研制建设一系列高水平特种试验设施，创新形成了一系列先进试验方法。

三、联袂而行，衣锦还乡

在我看来，只有三号才更像是仙子"嫦娥"的衣锦还乡，除了因为三号有了前两次的探月基础，科学技术越来越高超，基础越来越厚重以外，关键它还带着一只小兔子！这样的联袂组合，第一次成全了人们一直以来的神话定位，它们的出场，将探月工程推向了一种盼望已久的极致。

而这一对不负众望的组合，自 2013 年 12 月成功落月并开展巡视勘察以来，凭借搭载的 8 台科学载荷，陆续开展了探测任务，获得各类数据共计 7TB！

而更令人动容的是，我们的地面应用系统，在收到这些极为珍贵的科学资料后，及时向包括香港、澳门在内的全国上千家高校及科研单位等机构，发布了这些探测数据、最新的探测图片和相关视频，使得一些国外科学家以及航天探月爱好者也及时分享到这些全人类的成果。2016 年 4 月，"嫦娥三号"和"玉兔号"月球车拍摄的迄今为止最清晰的月面高分辨率全彩照片首次公布，让全世界看到了一个这是继 1976 年苏联探测器到达月球后人类时隔 37 年后首次重返月球表面。图片中"玉兔号"月球车驶过的车辙清晰可见，嶙峋的岩石让人印象深刻，显示了月球表面的真实颜色和壮观细节。

真实的月球，也给全世界科学家研究月球提供了一手资料。这样的举动极大地推动了国内外认识月球、研究月球和探索月球的热情。

　　三号的着陆器于 2016 年 7 月 28 日按时进入第 33 月夜休眠期，再次刷新国际上探测器月面工作时间最长纪录。在此前的 33 个月昼工作期间，"嫦娥三号"开展了"测月、巡天、观地"科学探测，获得了大量科学数据。同时，研究人员在月球浅表层地质结构、月基天文观测以及地球等离子体观测等方面取得了一系列创新性科学研究成果。据不完全统计，在 SCI、EI 类国内外重要学术刊物上发表文章

100余篇,重要成果相继发表在《科学》《自然》和《美国科学院院刊》等国际顶级学术刊物上,有的还成为其封面文章,带动了国际月球与行星科学研究和应用的发展。

随后"嫦娥三号"开展了着陆区月壤内部与月壳浅层结构探测。首次研制的超宽频带测月雷达,采用"边走边探"方式,获得着陆区月壳浅层330米深度内的剖面结构特性及地质演化图,这也是国际上首幅月球地质剖面图。利用月球车上全部四台科学仪器的探测数据进行研究,国际上首次揭示了月球雨海区的火山演化历史。利用粒子激发X射线谱仪和红外成像光谱仪探测数据,发现一种全新的月球玄武岩。

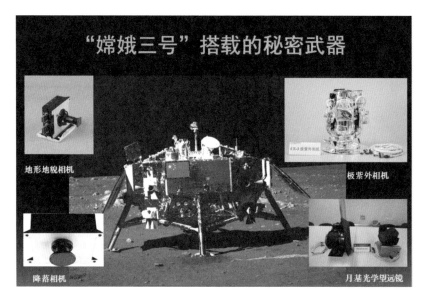

"嫦娥三号"搭载的秘密武器

地形地貌相机

极紫外相机

降落相机

月基光学望远镜

◣ "嫦娥三号"搭载的首台月基光学望远镜、极紫外相机等,让我国实现了首次依托地外天体平台开展自主天文观测和首次月基–地基天文联合观测,在国际上首次实现在月面上对地球周围15个地球半径的大视场等离子体层进行极紫外观测。

神通广大的三号，首次开始了在月球上巡视太空。因为它拥有首台月基光学望远镜，利用月球高真空无大气影响和月球自转缓慢因而连续观测周期长的特点，一是在月面上对多个天区实现 3900 多小时近紫外天文观测，已获得 18.7 万幅图像数据；二是得到一批重要密近双星完整的紫外光变曲线，发现仙王座 GK 星是双星快速物质交流演化中的天体，对检验双星理论模型具有重要意义；三是获取了月球外逸层水含量的最新结果，水的含量比哈勃望远镜的探测结果低 2 个数量级，与理论预期值最为接近，修正了国外得出的月球上有大量水分子存在的结论。

而另一个首次，更令人振奋，是三号首次实现了在月球上看地球！它拥有国际上首次研制的极紫外相机，在月面上对地球周围 15 个地球半径的大视场等离子体层进行极紫外观测，获取 1300 多幅极其珍贵的地球等离子体层图像数据，并首次发现了地球等离子体层边界在磁层亚暴的影响下发生凸起，一是揭示了太阳活动对地球空间环境的影响，二是确认了地球等离子体层的尺度与地磁活动强度呈反相关关系，进而提出了等离子体层的空间结构受到地球磁场和电场约束及控制的最新观点。

三号的成功引来了世界的瞩目，更赢得了国家的奖励：2017 年 1 月 9 日，中共中央、国务院在北京隆重举行 2016 年度国家科学技术奖励大会。"嫦娥三号"工程荣获国家科学技术进步奖一等奖。这个奖项虽然在地球产生，但是，遥远的月球一定也看到了这一幕，这个奖项无疑是三号和小兔子对月球最豪华的衣锦还乡，这个奖项无异于寄给遥远月球的锦书一份。

从"月亮城"西昌出发的"嫦娥三号"，怀抱小兔子"玉兔号"飞到了月球。这是一次人类划时代的壮举，对中国探月工程、世界探月都具有里程碑式的巨大意义。它更是一次超越神话的飞行，没有人比当年阴差阳错飞向月球的我，有更刻骨的感受！

　　因为今天的"嫦娥三号"如此幸运，它有着自己的目标和方向，凝聚着千万人的爱和汗水，身负着祖国的嘱托与希望，并且身怀世界最先进科技力量的绝技。从"月亮城"到深空之中的月球，这次意味深长的宇宙之旅，从发射时天幕之上那绚烂夺目的光带开始，就已经注定了自己的非凡。遥想它在夜幕中的飞行，短暂又漫长的 18 分钟后，火箭把"嫦娥三号"送入近地点高度200千米、远地点高度约38万千米的地月转移轨道！惊心动魄的刹那之后，是约280小时的太空跋涉才到达月球轨道！280小时，茫茫深空中的旅程，如此孤独，也如此壮丽！

　　"如今，'嫦娥三号'的旅程变短了。"欧阳自远说。原因是借助了在"嫦娥二号"任务中验证成功的经验，这一次直接运用了地月转移轨道发射技术，使得三号奔月时间比"嫦娥一号"整整减少了7天。这7天，是具有世界意义的7天。"中国探月工程起步晚，但起点高；投入少，但效益高。"

科学神话：
古代与现代的
时光重叠

第 九 章

一、"嫦娥四号"与"玉兔二号"——另一面的故事

从一号到二号，再到三号，中国探月工程取得了令世界瞩目的骄人成果，创造了令人荡气回肠的"当代神话"。遥远的 38 万千米外的深空，那个曾经只属于神话中的地方，如今已经成为真正的中国当代科学神话的故乡！月球，再也不是仅仅遥望，再也不是诗词歌赋中的寄托，再也不是人们想象中的地方，中国探月的成功，让整个世界彻彻底底看清了月亮的样子。

而对于科学家而言，科学之路永无止境，当世界还沉浸在月面的风采中时，科学家们早已将目光投向了一片月球的处女地——月背。这不仅是勇气，更是对科学与智慧的气魄和自信。于是，就有了我的第四个分身——"嫦娥四号"卫星。

"嫦娥四号"是探月工程计划中"嫦娥"系列的第四颗人造探月卫星，主要任务是继续对"嫦娥三号"着陆月球表面进行更深层次、更加全面的科学探测，继续完善月球的档案资料。

"嫦娥四号"的结构基本不变，仍分为着陆器和巡视器两部分，所以就有了第二只小兔子——"玉兔二号"。

最为引人瞩目的，是四号这次的着陆点，被科学家选在月球背面，也就是说，这是一次全新的探月计划，因为到目前为止，四号将要着陆的月背，是人类从未到达过的地方。在确定"嫦娥四号"的任务时，科学家们将目光投向月球背面一片特殊区域：南极 – 艾特肯盆地 (South Pole-Aitken Basin)。这个 40 多亿年前因天体撞击形成

的直径约 2500 千米、深度约 13 千米的盆地，是月球上最古老、最大的撞击盆地。科学家认为这里有可能发现月球深部物质。美国科学家曾计划去那里采样，但是未能实施。

带着尽快揭开月球深部物质成分神秘面纱的使命，显然这将是一次破天荒的探月行动，无疑也将面临更多的科学难题。但是，坚韧不拔的科学家们经历重重波折，针对月背不同的地质条件，对"嫦娥四号"进行有针对性的改进，终于达到科学要求，进入发射程序。月背之旅开始了，月背故事拉开了序幕。

"走，到月亮的背面去。"这是欧阳自远的惊人之语。他常说，如果一个人对一件事物着迷，就会情不自禁想更多地了解它。因为月亮从未向地球展露她的另外一半容颜，也使得她更加神秘。据科学解

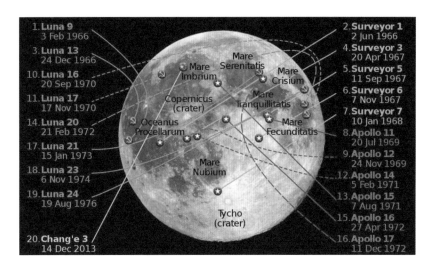

⮞ 到我国"嫦娥三号"抵达月球时，人类已经在月球正面留下过 20 次着陆痕迹，然而背面为 0。"Luna"（月球）系列为苏联实施的月面着陆项目，"Surveyor"（勘探者）系列和"Apollo"（阿波罗）系列为美国实施的月面着陆项目。

❭ "嫦娥四号"中继星位于地月拉格朗日2点（L2），距离月球6.5万千米，距离地球44.5万千米，将地球与月球背面构成畅通的通信链路。这是人类历史上首个月球信号中继卫星，架起了地球和月球背后的"鹊桥"。

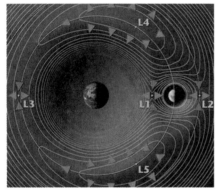

释是因为潮汐锁定原理，月球绕地球公转与自转同步之后，永远只能以同一面朝向地球。

　　因为从未有人类探测器登上过月背，太多的神秘感也使人们对月背充满了想象，有人说月球背面是外星人的基地，有人说月球上有金字塔，更有人说月球上有巨石阵……"其实都是假的。"欧阳自远曾在一次主题演讲中指出，照片上的外星人基地、金字塔、巨石阵都是不存在的。他说，等"嫦娥四号"亲自到月背去看一看就能辟谣了。"我们之所以要登陆月球背面，是为了接收这些蕴藏着很多宇宙、天体奥秘的信息。通过月球，去认识宇宙。"欧阳自远说，"而且因为受到地球电磁场干扰，宇宙中有一段波长的信息，无论是在地球还是在月球正面，我们都无法接收，而月球背面则成为最适宜的信号接收点。"

不过可想而知，登陆月背并不容易。据资料记载，从20世纪50年代起人类向月球发射探测器达100多次，但是没有一次是在月球背面着陆探测的，因为月球背面会屏蔽来自地球的无线电通信，即使探测器降落在月球背面，信号也会被挡住发不出去。"我们等于是瞎子和聋子，因为无法将照片和资料传输回地球，就无法知道那边的情况。"欧阳自远说。

在技术上，可以用到中继卫星作为月背和地球隔空喊话的使者，这就是这次中国探月中"鹊桥"的角色。

但要实现地月精准传书，还有很多麻烦事要解决，比如，为中继星选择合适的地月引力平衡点，设定好它的运行轨道。点位不对，那信号就接收不到了；轨道不对，中继星随时随地都会走丢，那意味着"嫦娥四号"会跟地球失联。这也是其他国家不愿冒险登陆月背的原因。经过欧阳自远他们精密的计算和研究，中国这次的登陆方案将最终"鹊桥"的点位定在了地月拉格朗日L2点，敲定将"Halo轨道"作为"鹊桥"的使命轨道。

如果失败了，那也是意料之中的，毕竟这是人类首次使用地月中继星联络月球背面和地球。

而当"嫦娥四号"于2019年1月3日11时40分在月球背面南极－艾特肯盆地冯·卡门撞击坑软着陆，并通过"鹊桥"中继星传回世界第一张近距离拍摄的月背影像时，这意味着世界性难题被解决，我的四号分身"嫦娥四号"成功了！

几十年来，欧阳自远对月亮所怀的深情越来越浓："许多小天体原本是撞击我们地球的，最后却被月球挡住了，撞到了她身上，月球真是太好了。"如此温暖、如此动容的感慨！毫无疑问，正是因为有欧阳自远，以及更多像他一样对中国航天、对探索月球有责任感和担当的科学家们多年来兢兢业业的刻苦拼搏，才有了今天探月工程三战三捷的成就：

2007 年，"嫦娥一号"卫星精细地探测了整个月球，提供了一张当时最好的月球地图。

2010 年，"嫦娥二号"完成高清全月面图像扫描，提供了一张世界最高水平的全月球数字影像图，分辨率达到 7 米。

2013 年，"嫦娥三号"软着陆月球正面，和月球车"玉兔号"一道开启了联合科学探测。

时隔 5 年之后，2018 年 12 月 8 日，"嫦娥四号"升空，飞往38 万千米之外的月球。国家航天局探月与航天工程中心指出，"嫦娥四号"是"本年度最重要的航天宇航任务"，这将是人类历史上第

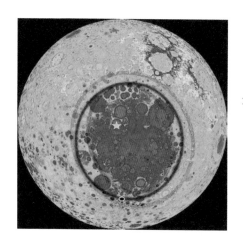

▶ 南极–艾特肯盆地直径约 2500 公里，深达 13 公里，地形复杂程度远超其他地方，图中星号标注处即冯·卡门环形山，"嫦娥四号"着陆地。月球背面几乎全是环形山/陨石坑，南极–艾特肯盆地更接近月球的原始状态，冯·卡门环形山或许留有月幔最原始的成分，保留了月球最深层的秘密。

一次在月球背面着陆的探测器。

在西昌卫星发射中心，"嫦娥四号"中继星"鹊桥"搭乘长征四号丙运载火箭升空，卫星由火箭送入近地点约 200 千米、远地点约 38 万千米的地月转移轨道。中国航天科技集团的官方微信号 8 月间撰文称："不仅对展现我国科技创新实力、激发民族自豪感和自信心具有重要的政治意义，也对未来探月工程、深空探测领域发展和建设航天强国有着'上台阶'的重要意义。"

…………

四号登月之后，首批科学成果发表，"玉兔二号"获取的资料揭示出月球深部物质。中国科学家们惊喜地发现，"玉兔二号"月球车首次在月球背面"踩下的足印"，留在了来自月球深部的月幔物质上。这为解答长期困扰科学家的月幔详细物质构成问题提供了直接证据，可以帮助人类进一步认识月球的形成与演化。

中国科学院国家天文台李春来研究员领导的团队利用"玉兔二号"携带的可见光和近红外光谱仪的探测数据，证明了"嫦娥四号"落区月壤中存在以橄榄石和低钙辉石为主的月球深部物质。

国际科学期刊《自然》于 2019 年 5 月在线发表了这一重大发现。这是"嫦娥四号"实现月球背面软着陆后首次发表重要科学成果。与地球相似，月球由核、幔、壳构成。科学家推断，随着月球岩浆演化，较轻的斜长石组分上浮形成月壳，而橄榄石、辉石等较重的矿物下沉形成月幔。"但是月壳比较厚，我们所能接触到的月球样品都来自月球最表面的一层。而且月球已经基本没有火山和板块运动，所以在月球表面找到月球深部月幔物质的机会很少。"李春来说。科学界关于

▶ "嫦娥四号"着陆器和"玉兔二号"月球车顺利完成互拍,月球车开始工作。

月幔物质组成的推论一直没有被很好地证实。无论是美国、苏联采回的月球样品,还是环月探测器的遥感数据,都没有发现与月幔准确物质组成相关的直接证据。

"玉兔二号"月球车驶上月面后,所携带的可见光和近红外光谱仪在两个探测点获得了质量良好的光谱数据。李春来他们发现,"玉兔二号"探测到的谱线与其在月球正面探测到的有很大不同。通过初步分析发现,"嫦娥四号"着陆区的月壤成分明显不同于"嫦娥三号"着陆区的月海玄武岩,其中含有低钙辉石,并可能有大量橄榄石存在。

然而，探测点是否真的富含橄榄石，科学家们对此产生了分歧。带着疑惑，他们对光谱数据进一步处理分析，结果证实这一区域月壤中橄榄石含量最高，低钙辉石次之，并含有很少量的高钙辉石。

"这种矿物组合很可能是源于月幔。"李春来说。月球背面的南极–艾特肯盆地是已知太阳系中最大、最深、最古老的撞击盆地，并可能暴露月幔物质，为探测月球深部物质提供了天然窗口。

截至 2020 年 5 月 29 日，"嫦娥四号"探测器已在月背高效工作 18 月昼，"玉兔二号"月球车累积行走 447.68 米，并获得了大量的科学探测数据。其中，红外成像光谱仪获取的月壤高光谱图像及红外光谱数据，支撑科学团队获取了着陆区月壤的精细光谱，为月壤的矿物组成和太空风化等研究提供科学探测数据，推动人类对着陆区月壤演化的研究和认识。

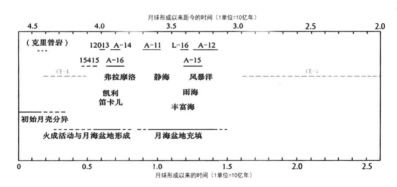

月球主要演化事件年代分布图

注：A—Apollo，阿波罗载人登月采集样品的年龄
L—Luna，苏联月球号采集样品的年龄
CE，中国月球探测工程嫦娥探测数据与样品的年龄

➤ 由各国探月样品数据与探测数据总结的月球主要演化事件年代分布图。

5月29日17时和7时15分，"嫦娥四号"着陆器和"玉兔二号"月球车分别结束第18月昼工作，按地面指令完成月夜模式设置，进入月夜休眠。在第18月昼期间，"玉兔二号"为"天问一号"让路，配合我国首次火星探测任务地面深空测控站的适应性改造，"玉兔二号"搭载的科学载荷并未开机，原地待命。

"玉兔二号"虽然在本月昼没有移动，但地面科学团队继续对已获取的科学数据进行深度研究分析，不断取得新的科学成果和科学发现。2020年8月26日，中国探月工程微博发布了头条文章《嫦娥四号600天科学成果归纳》，要点有以下几个：月球背面巡视区形貌和矿物组分研究；月球背面巡视区月表浅层结构研究；月面中子及辐射剂量、中性原子研究；月基低频射电天文观测与研究。

除了以上这四点，更重要的是，四号还发现了主要源于芬森撞击坑溅射物的月壤发育成熟。与"嫦娥三号"着陆区未成熟月壤相比，"嫦娥四号"着陆区月壤中亚微观金属铁含量随月球车与着陆器距离远近并未产生明显变化，说明"嫦娥四号"着陆区月壤的快速形成过程，充分混合了最表层已高度成熟的月壤。

自轨道卫星实现对月球背面的遥感观测以来，大量研究揭示出南极－艾特肯盆地底部存在镁铁质异常，相比返回样品及月球陨石，有着不同的化学特性。"嫦娥四号"通过对南极－艾特肯盆地撞击坑底部溅射物层的探测，发现该区域镁铁质矿物特征与遥感数据相似。研究数据显示，"嫦娥四号"着陆区的石块及月壤中镁铁质矿物以单斜辉石为主。"玉兔二号"在这一区域的巡视探测为深入认识南极－艾特肯盆地底部镁铁质异常区的成因提供了科学依据。

作为接下来重头戏的"嫦娥五号"的前一个探月卫星，同样神通广大的四号及其联袂而生的"玉兔二号"所取得的成就其实还有太多太多，而最令人心动的是，这次跟随"嫦娥四号"一起飞上月球的，除了棉花种子，还有油菜、土豆、拟南芥、酵母和果蝇五种生物样本。

我们知道，月球是不适合生命生存的，因为它昼夜温差极大，没有空气，还有高能粒子和太阳风。2015年，美国国家航空航天局在400公里高度的国际空间站培育出了宇宙空间里第一朵百日菊。那么，在38万公里之外的月球上能不能培养出植物呢？

2015年，"嫦娥四号"珍贵的3公斤载荷被用来向全球征集方案，重庆大学谢更新团队提出的"月面微型生态圈科普载荷"从257个方案中脱颖而出。在200毫米×200毫米×200毫米的小空间里，团

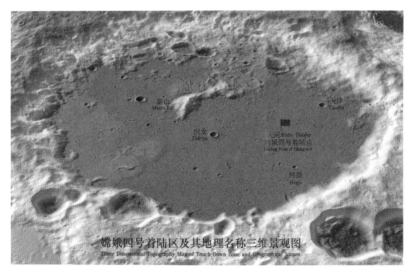

嫦娥四号着陆区及其地理名称三维景观图
Three Dimensional Topography Map of Touch-Down Zone and Geographical Names

05

嫦娥四号着陆区
TOUCH-DOWN ZONE OF CHANG'E-4 PROBE

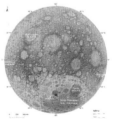

2019年2月4日，国际天文联合会批准的5个"嫦娥四号"着陆点及其附近地理实体名称。

队充分考虑了温度、水、生物固定、静置、信号、照相、时间等各种因素，在经过多次筛选后选择六种生物，构建了一个由生产者、消费者和微生物组成的生态系统，终于在 8 天 22 个小时 45 分钟内完成了实验。2019 年 1 月 7 日，在"嫦娥四号"着陆器着陆月球 4 天后，载荷罐中的棉花种子长出了一片叶子，实验成功。

在荒芜月球上种植出第一株植物，实现了人类首次月面生物生长培育实验，引起了国际轰动。《自然》称这个实验是"first time ever"，《科学》则说它是"in a first for humankind"。这将为今后建立月球基地提供研究基础和经验，对人类地外生存的意义无比重大。

此刻，让我们尽情想象，当这些种子都在月球上发芽，一切生命都在月球开花结果，月球的故事，是否会是另一个神话？

二、深空的另一片大地之梦——月壤

这就像一个梦，关于月壤的梦境，关于深空之中另一片大地的梦境。而这个梦的缔造者，就是我的第五个分身——"嫦娥五号"！

2009 年，在中国实施探月工程二期的同时，为了衔接探月一期和二期工程，兼顾中国载人登月和深空探测的未来发展，中国正式启动了三期工程的方案论证和前期研究。

探月工程的第三阶段于 2011 年开始，任务目标就是实现月球表面无人采样和返回。

项目计划进行两次正式飞行任务和一次飞行试验任务。它们分别被命名为"嫦娥五号""嫦娥六号"以及高速再入和返回飞行试验任务。其中，"嫦娥五号"——我的第五个分身，是我国首个进行月球采样返回的航天器，首个，多酷！

很明显，将要实现月球表面无人采样和安全返回的五号，必定是目前中国探月工程的巅峰。而它的诞生，也必定更加艰难——在2011年5月立项由中国空间技术院研发长达6年，等待期3年。五号旅程步步创新，由轨道器、返回器、着陆器、上升器四个部分共15个分系统组成，重达8.2吨，是中国目前发射的最重的月球探测器。按照它的重量，只有长征五号运载火箭可以将其直接送入地月转移轨道，无疑这是对运载火箭能力的一次集中检验，堪称中国探索月球巨大工程的关键一搏。

作为探月工程"绕、落、回"三步走的最关键的收官之战，中国探月工程自2004年1月立项并正式启动以来，已连续成功实施"嫦娥一号""嫦娥二号""嫦娥三号""再入返回飞行试验"和"嫦娥四号"等五次任务，现在的"嫦娥五号"探测器，与前几次的探测到底有什么不同之处？在科技工程上有哪些难点需要突破？将要实现哪些更加重要的工程目标与科学目标呢？这些问题，无疑是所有关注中国探月的人最想知道的。

有人可能会觉得，五号与之前几个探测器的本质区别，就是完成采集月壤并安全返回地球。说得没错，这真的是一项最为核心的任务，因为之前的几次探月行动，完全就是在为这一刻做着准备，各个环节的准备，只为五号将月壤带回地球的这一刻。

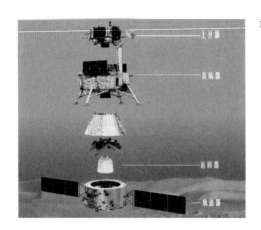

◗ "嫦娥五号"探测器结构示意
图。着陆器在月球着陆，完成
取样后上升器与底座分离，飞
往月球上空，找到轨道器和返
回舱后，通过空中接轨将样品
转至返回器。之后返回器离开
上升器返回地球，上升器在月
球上空飘荡直至接到落月指令
后坠落月球。返回器在返回地
球过程中在地球上空与轨道器
分离，轨道器燃料基本耗尽，
留在地球外空，返回器在经历
大气层燃烧、降落伞减速、反
推力减速后最终回到内蒙古。

上升器
着陆器
返回器
轨道器

　　但是事实上，五号这一任务的重大意义，绝不仅仅是从月球"挖土"回来那么简单。关于这一点，国家航天局探月与航天工程中心副主任、探月工程三期副总设计师、"嫦娥五号"任务新闻发言人裴照宇说，"嫦娥五号"任务既是收官之作，又是我国未来月球探测的奠基之作，将为我国未来开展载人登月与深空探测积累重要的人才、技术和物质基础，是我国航天技术的一次重大跨越。

　　五号的三大工程目标也一目了然：

　　一是突破窄窗口多轨道装订发射、月面自动采样与封装、月面起飞、月球轨道交会对接、月球样品储存等关键技术，提升我国航天技术水平；

　　二是实现我国首次地外天体自动采样返回，推动我国科学技术重大进步；

　　三是完善探月工程体系，为我国未来开展载人登月与深空探测积累重要的人才、技术和物质基础。

与工程目标相比，五号的两大科学目标同样重要：第一个科学目标是开展着陆点区的形貌探测和地质背景勘察，获取与月球样品相关的现场分析数据，建立现场探测数据与实验室分析数据之间的联系。

五号的第二个科学目标，就是对返回地面的月球样品进行系统、长期的实验室研究，分析月壤与月岩的物理特性与结构构造、矿物与化学组成、微量元素与同位素组成、月球岩石形成与演化过程的同位素年龄测定、宇宙辐射与太阳风离子和月球的相互作用、太空风化过程与环境演化过程等，深化月球成因和演化历史的研究。

事实上五号在月面自动采样和封装，应该是此次的核心任务之一。"嫦娥五号"探测器将在月面选定区域着陆，并使出浑身解数采集月壤，实现我国首次月面自动采样返回。因为月球引力和地球不一样，只有地球的六分之一，采样封装技术很关键，之前从没有做过，是一大挑战。

完成这样的任务必定需要更为尖端、更为严谨的科学支持。为此，中国航天科技集团五院的设计师们，为这次任务精心设计了两种"挖土"模式：钻取和表取，用来确保任务的成功。当"嫦娥五号"的着陆上升组合体顺利软着陆在月球表面后，就要开始为期两天的月面工作了。它将用随身携带的挖土"神器"，科学分工，精密配合，采取深钻、浅钻、铲土、挖土、夹土等各种方式，发挥各种神通，采集约两千克月壤，并最终进行密封封装，经月面起飞、月球轨道交会对接、月地转移和再入回收等过程将月球样品安全送至地球家园。

五号探测器完成月面工作后，就要踏上"回家"之路。而这回家的旅程，更是堪称步步惊心：

月面起飞上升是回家的第一步，运载火箭在地球起飞是有一套完

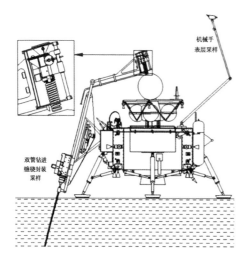

机械手
表层采样

双管钻进
缠绕封装
采样

🌓 "嫦娥五号"月球取样示意图。着陆器采取双管钻进缠绕封装采样和机械手表层采样两种形式。

备的发射塔架系统的，点火起飞的位置、飞行轨道等也要经过精确测算。而月面起飞就不一样了，由于月球表面环境复杂，着陆器很有可能落在斜坡上或者凸起、下凹等不同的地形上，这给起飞带来了很大的难度。此外，"嫦娥五号"在月面起飞无法做到像运载火箭一样，在发射前由地面人员完成测调和确认，必须依靠自己的力量，实现起飞时的自主定位、定姿。

而后要实现月球轨道交会对接。在38万千米外的月球轨道上进行无人交会，这个流程对接在我国尚属首次。因此，科学家们非常谨慎，就像训练运动员一样，为"嫦娥五号"精心设计了交会、对接、组合体运行、轨返组合体与对接舱分离等一系列关键动作，反复试验，用来助推"嫦娥五号"实现完美对接。事实证明，这项月球轨道交会对接技术已经达到了世界先进水平，令世界航天探月瞩目、震撼。

下一步，当返回器带着月壤，从38万千米远的月球风驰电掣般向地球飞来时，它的飞行速度接近每秒11千米，可以称为第二宇宙速度。这和一般从近地轨道返回的航天器速度大多为每秒 8 千米的第一宇宙速度有很大不同。速度过快，很容易让航天器一头撞向地球，后果不堪设想。为此，设计师们提出了半弹道跳跃式再入返回技术方案，就像在太空打水漂一样，让返回器先是高速进入大气层，再借助大气层提供的升力跃出大气层，然后再入大气层，最后返回地面，这才算最终完成了五号的全部任务。

月壤的意义有多么重要，想必大家都能想到吧？哪怕想不到具体的科学表达，但是仅仅从普遍认知的角度也能想象出来，因为月球的土壤，对地球人来说具有巨大的科学价值。月球土壤也叫月球风化层，是研究月球的样本，由月球岩石在遭受陨石撞击、太阳风轰击和宇宙射线辐射等空间风化作用后形成，其中有大量的月球岩石碎块、矿物及陨石等物质。科学家通过研究这些月壤物质，既可以了解月球的地质演化历史，也可以为了解太阳活动等提供必要的信息。

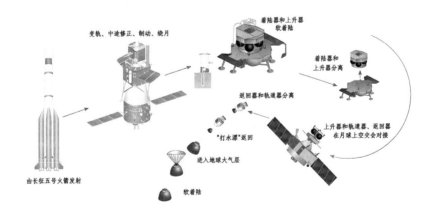

➣ "嫦娥五号"从发射到返回的过程，共分 11 步，历时 23 天，很多都是"首次"完成，非常考验科研水平。

　　除科学意义外，更重要的是月壤还含有丰富的资源。据航天科技集团五院相关专家介绍，科研人员通过研究发现，月壤中含有大量微小的橘红色玻璃形状的颗粒，这些颗粒一般富含铝、硫和锌。它们是在月幔部分融化过程中，于月球表面下约 300 千米深处形成，因火山活动而喷出到月球表面的。通过对样品的分析与实验证实，月壤和月岩中氧化铁的含量很高，从中可以制取水和氧，未来可利用月面物质支持月球基地的运行，并为登月飞行器补充燃料。这些资源对地球而言太稀有珍贵了。

　　更重要的是，科学家还在采集回来的样品中发现了核聚变的理想原料氦-3。按照目前地球的能源消耗规模，月球上的氦-3 用于核聚变发电后能够满足人类约 1 万年的能源需求！ 1 万年，不敢想象，连我这个神仙也被震撼到了。

　　事实上还不止这些，由于月壤处于月球的最表层，具有松散、非固结、细颗粒和易于开采的特点，是未来月球科研站建设、采矿、修路、资源提取的首选目标。据相关专家介绍，在可预见的相当长的时间内，月壤的经济价值远高于下伏的基岩。因此，对月壤进行精细研究，可提供月球资源开发利用前景的重要信息，并为月球基地的选址提供重要的科学依据。需要说明的是，目前所谓的月球资源，是指对地球上的人类具有潜在的开发价值，还不具备商业开发价值的资源。

　　想一想，仅仅依靠科学的力量，完成从 38 万千米外的月球——那一片深空中另一片大地——采集到月壤并完整带回地球，进而对月球进行划时代研究的任务，这几乎也可以说是整个人类史诗般的探索历程，不能不说具有伟大的意义。

➥ "嫦娥五号"再入返回地球实验的轨道飞行器于 2014 年 10 月 28 日在地月 L2 动态平衡点拍摄的月球背面与地球。

三、科学的史诗——五号的起飞与返回

作为中国探月工程"绕、落、回"三步走的最后一步，五号无疑是 2020 年航天发射的重磅项目。"嫦娥五号"探测器，是迄今中国研制的最为复杂的航天器系统，也是目前最重的月球探测器。

2020 年冬天，"嫦娥五号"——我的第五个分身一如既往成功发射，并且获得了五个"首次"，中国探月到了最关键的时刻，科学的史诗，到了最高潮的篇章！

五号的发射时间是 2020 年 11 月 24 日 4 时 30 分，这个时间可不是随便选的，确定在凌晨，有很重要的科学依据。中国航天科技集团的设计师表示，主要原因是便于奔月轨道设计、减少太阳活动影响、利于信号传播及观测等。

月球探测与火星探测一样，都属于深空探测。在火箭发射轨道设计上，要考虑到地月相对位置关系。发射"嫦娥五号"探测器，要在满足地球与月球位置关系的限制、火箭射向和滑行时间的约束、探测器地月转移时间、返回器再入航程等条件下，选择最合适的发射时间，也就是确定火箭的发射窗口，而凌晨发射最有利于奔月轨道的设计。

太阳活动特别是太阳风会干扰电子信号传播，影响地面科研人员操控。长征五号选择在凌晨飞向宇宙，此时地球正好把太阳光直接遮蔽，避免了过多太阳辐射的影响。

同时，天气条件对于航天发射至关重要。在凌晨，天气状况比较稳定，云层更少，有利于火箭发射及信号的传播，还可更好地利用望远镜等天文设备，对观察到的发射情况做出总结。此外，由于凌晨整体环境亮度较低，火箭喷射火焰飞向太空时非常显眼和突出，有利于地面光学和测量设备跟踪到目标，收集相关信息。

作为我国探月工程"绕、落、回"三步走战略中的收官之战，"嫦娥五号"探测器可以说将创造我国航天史上的五个"首次"：首次地外天体的采样与封装；首次地外天体的起飞；首次月球轨道交会对接；首次携带样品高速再入地球；首次样品的存储、分析和研究。

五个首次，大气磅礴，惊心动魄。值得骄傲的是，这五个计划中的"首次"，身负重任而不负使命的"嫦娥五号"，在将月壤完美带回地球后，宣布全部如期实现！中国探月的"当代神话"，在五号回返地球的那一刻，进入了高潮与巅峰。

2020年12月17号1时59分，"嫦娥五号"返回器携带着采集的月球样品在内蒙古四子王旗预定区域安全着陆。这不仅标志着我国首次地外天体采样返回任务圆满完成，也是人类时隔44年再次从月球带回月壤。上一次月球采样返回任务，还是1976年苏联的"月球24号"。我国首次实现了月球无人采样返回，成为继美、苏之后第三个实现月球采样返回的国家。

回来了！是的，五号带着月壤回来了！带着全世界的瞩目回来了，带着中国人几千年梦想成功返回地球！

漫漫航天路，迢迢探月途。神通广大的"嫦娥五号"月球探测器，历尽艰辛却也波澜壮阔，用近乎完美的冲天与返航，向整个世界验证了中国探月工程及航天工程各类技术的纯熟。比如二次弹道，除了可以在宇宙飞船或者探测器返回舱上运用外，在弹道导弹之类的武器上也可以得到运用，它会给反导系统的探测造成极大的困扰，因此可以实现突破拦截的功能。而神奇的"打水漂"动作，让弹道导弹或者高超音速导弹在大气层内的飞行没有规律可言，弹道导弹防御系统就无法及时捕捉到目标，更谈不上使用动能的方式进行拦截了，因此更加高难而神秘。

四、历史性的贡献

"嫦娥五号"的成功，绝对堪称我国航天科技飞速进步的绝佳展现，凝结了无数科学家们的汗水和泪水，更是一个富强、团结、智慧

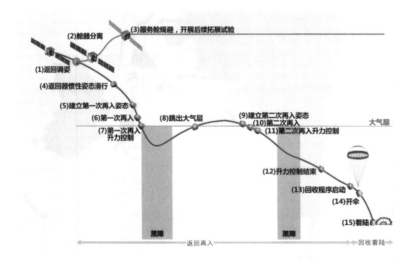

➴ 返回器再入返回飞行过程示意图。"嫦娥五号"轨道器带着返回器从月球直接返回地球，在距离地面高度约 5000 千米处，返回器与轨道器分离，采用半弹道、跳跃式的"太空打水漂"方式再入返回，整个过程约持续 48 分钟。

的民族的必然收获。

探月工程的巨大成功，激起了人们对月球的更多好奇，也激发了人们对探月的空前热情。毫无疑问，未来我们伟大的中国科学家一定会逐步开展更为神奇的载人探月工程，到那时，几千年的"奔月"神话，会再一次掀起壮丽的浪潮！

此刻我们必须记住的，是五号年轻、炫目、史诗般的履历：

2020 年 11 月 24 日，在文昌航天发射场长征五号运载火箭成功托举"嫦娥五号"升空。经过大约 2200 秒的火箭飞行，探测器成功被送入预定轨道，开始了中国首次对地外物体的采样和返回之旅。

2020 年 11 月 25 日，顺利完成两次轨道修正。

❥ "嫦娥五号"上升器在月面起飞示意图。12 月 3 日 23 时 10 分成功将携带样品的上升器送入预定环月轨道，这是我国首次实现地外天体起飞。

2020 年 11 月 28 日，顺利进入环月轨道飞行。

2020 年 11 月 29 日，从椭圆环月轨道变为近圆形环月轨道。

2020 年 11 月 30 日，顺利分离。

2020 年 12 月 1 日，成功在月球正面预选着陆区着陆，准备完成 23 天左右的使命。

2020 年 12 月 12 日，轨道器和返回器组合体实施第一次月地转移入射。这次的发射是我国航天史上最复杂、难度最大的任务之一，也是中国探测器第三次在月球表面成功软着陆，表明我国登月技术的飞速发展，表现出惊人的实力，不容小视。

2020 年 12 月 17 日，返回器携带月壤成功着陆在内蒙古四子王旗预定区域。

2021 年 7 月 12 日，首批月壤样品向中国科学家发放，目前已完成五次样品分发，共计 198 份 65.1 克……

至此，中国探月工程取得了本质性的成就，也就此成为月壤研究的世界里程碑！

从 2020 年 12 月 "嫦娥五号" 返回器携带 1731 克月壤成功返回地面开始，共计有 4 批 50 余克月壤样品被分发至 100 多个科研团队，研究范围涉及月球地质演化历史、月球资源分析等。

截止到 2023 年，中国科学家团队通过对 "嫦娥五号" 采集回来的月球样品中玄武岩的研究，证实月球火山活动可以一直持续到 20 亿年前，因为 "嫦娥五号" 的着陆点是玄武岩更古老的区域，所以带回的是迄今最高纬度、最年轻的月壤样品，从而刷新了人类对月球岩浆活动和热演化历史的认知。

⌣ "嫦娥五号"返回器于凌晨2时左右安全着陆,当时四子王旗地面堆积白雪,温度极低。

2022 年 9 月 9 日,国家航天局、国家原子能机构联合宣布,来自中核集团核工业北京地质研究院（以下简称核地研院）的研究团队首次在月球上发现新矿物,并将其命名为"嫦娥石",英文名为 Changesite-(Y)。其单晶颗粒的粒径只有 10 微米大小,不到一根头发丝直径的 1/10。

看吧,又一种新物体以我的名字命名了!相关资料说,"嫦娥石"所属的磷酸盐矿物在今天的地球上很常见,但和"嫦娥石"化学成分一致的,地球岩石中至今还未发现。这也证明了"嫦娥石"形成的环境和条件与地球是不同的。科学家们通过对"嫦娥石"形成条件的研究,可以倒推月球演化的过程,对认识月球起源与演化意义重大。此外,"嫦娥石"中高含量的稀土是否具有开发价值,也值得进一步研究。

 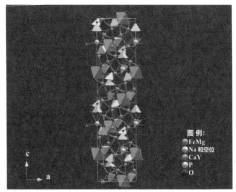

图例：
○ FeMg
● Na 和空位
● CaY
● P
● O

❧ "嫦娥石"的理想晶体图及晶体结构三维模拟图。它是一种磷酸盐矿物，呈柱状晶体，
发现于月壤的玄武岩颗粒中。它也是继"广寒宫""织女"等35个月球地理实体命
名后又一个具有中华文化特色的名称。

　　不仅是"嫦娥石"，核地研院的研究团队还首次成功获得"嫦娥
五号"月壤样品中氦-3的含量和提取参数。氦-3一直被视为未来重
要的清洁聚变资源之一，而月球则是储存氦-3的天然"仓库"。氦-3
的主要来源是太阳风，由于受地球磁场和大气的阻挡，能够到达地球
的氦-3微乎其微。但与地球相反的是，由于月球缺少大气层保护，
常年受太阳风吹拂，月壤中含有大量的氦-3资源，且月壤中的钛铁
矿对氦-3有较好的储存作用。种种因素都使得在地球上稀缺的氦-3，
在月球上却储量惊人。对"嫦娥五号"月壤样品中氦-3含量及最佳
提取参数的测定，将为中国后续对月球氦-3资源的遥感预测、总量
估算、未来开发和经济评价提供基础科学数据。

　　除了存在潜在能源外，"浑身是宝"的月壤或许还有更多的用途。
我国科研团队在详细分析"嫦娥五号"月壤样品中的元素和矿物结构
后发现，月壤中的一些活性化合物具有良好的催化性能。研究团队以其为催化剂，利用人工光合成技术，借助模拟太阳光，成功将水和二氧化碳转化为氧气、氢气、甲烷、甲醇。在此基础上，研究团队还进一步提出了利用月壤实现地外人工光合成的策略与步骤。

该研究主要负责人之一、南京大学教授姚颖方表示，如果将月壤提取成分作为月球上的人工光合成催化剂，未来也许只需要月球上的太阳能、水和月壤，便能产生氧气和碳氢化合物，实现低能耗和高效能量转换，为建立适应月球极端环境的原位资源利用系统提供潜在方案。

水作为地球上的生命之源，一直是人类太空探索中最为重要的话题，月球上到底有没有水也成了一个悬念。人们曾经认为是有的，证据是一系列的观测数据，但是终究没有确凿的实证，总有些像道听途说。而这一次，中国科学家团队发表的相关研究结果，终于用铁证证实了。"嫦娥五号"探测器携带了月球矿物光谱分析仪，在采样过程中也近距离获取了月表的光谱。数据分析结果表明，"嫦娥五号"采样区的水含量相当于 1 吨月壤中约有 120 克水，1 吨岩石中约有 180 克水，这是人类首次实现了月表原位条件下的水含量探测。

当然，这里说的"水"并不是日常生活中的液态水，主要指的是矿物里的水分子或者羟基，需要在一定条件下才能转化为我们日常使用的水。

水不会凭空产生，那么，月球上的水是从哪来的？关于这一问题，科学界目前的主要认知是，月球水可能来自月球内部岩浆或外部太阳风，彗星、流星体和微流星体的撞击。但红外光谱数据显示，整个月球表面都有水的分布，而月球上的水若来自月球内部岩浆或来自外部天体撞击的话，其在月球表面的分布将会十分不均，这似乎无法解释为何水会遍布月球表面。因此，科学家普遍认为太阳风是月球水的主要来源之一。太阳像一个大火球，会不断地往外喷射带电的太阳风粒子，因为月亮没有像地球一样的磁层保护，这些粒子就可以毫无阻碍地轰击月球表面。太阳风中含有带正电的氢离子，当其不断轰击月球表面时，其中的氢离子会与月表物质中的氧原子结合，从而在整个月球表面生成羟基或水分子，这样便可解释为何整个月球表面都有水的存在。

月壤样品中能够发现水，很大程度上得益于其采样地点的独特性。"嫦娥五号"的月壤样品采样地点位于月球最大的月海——风暴洋的东北部，这里以前从未有人踏足，与以往别国的采样点相距甚远。而同位素定年结果更是表明，该区域月壤样品的年龄约为 20 亿年，是目前获得的最年轻的月壤样品。更为重要的是，"嫦娥五号"月壤样品中的主要组成物质是辉石、斜长石和橄榄石，而这几种矿物恰恰都是探究太阳风成因水储量的最佳载体。

作为地球唯一的天然行星，月球地质活动的历史一直是科学家关注的重点。通过对"嫦娥五号"月壤样品的深入研究，许多此前关于月球地质活动模棱两可的问题，如今也有了更为清晰的答案。

中国科学院紫金山天文台行星化学科研团队联合南京地质古生物研究所，对月球样品进行研究后发现，样品中有极高含量的高钛玄武岩。研究团队据此推测，"嫦娥五号"月球着陆区或曾有多次火山喷发。科学家们发现，在目前所有收集到的月球陨石中基本没有发现高钛玄武岩，这是因为钛铁矿处于月球浅层，一般分布在月壳以下、月

"阿波罗 17 号"带回的月球玄武岩含  富镁橄榄石以及少量氧化物钛铁矿、尖晶石等。"嫦娥五号"带回来的月壤样品主要组成物质是辉石、斜长石和橄榄石。

幔以上的区域，而玄武岩是月球深处月幔物质经高温熔融产生的岩浆喷发到月表，冷却后凝固而成的一种岩石。因此，在正常情况下，玄武岩中的钛含量应该很低。之所以会出现高钛玄武岩，可能是钛铁矿比重较重，造成了月幔上重下轻的重力不稳定结构，钛铁矿经过翻转下沉到深部月幔，经过熔融后与岩浆一起喷发出来，冷却后被"封锁"在了玄武岩中。

研究团队结合此前在"嫦娥五号"月壤样品中已经发现的低钛、中钛月海玄武岩大胆推测，"嫦娥五号"着陆区历史上至少发生过 3 次火山喷发活动。科学家认为，这一结论将为研究月球演化提供重要线索，也有望解答月幔源区不同物质成分来源、火山岩浆形成的能量来源和月球晚期火山活动的精细时空分布规律等多项重要问题。

　　那么，如果月球上曾经有过如此密集的火山喷发活动，它们又是在何时停止的？"嫦娥五号"月壤样品同样给出了刷新过去认知的答案。在此之前，美国和苏联的月壤样本及地球上的月球陨石研究都表明，月球的岩浆活动至少持续到28亿—30亿年前。由中国科学院地质与地球物理研究所和国家天文台主导，多家研究机构团队联合对"嫦娥五号"月壤样品展开研究。他们利用超高空间分辨率铀-铅定年技术，对"嫦娥五号"月壤样品玄武岩岩屑中50余颗富铀矿物进行分析，确定其形成年龄约为20.3亿年，这意味着月球直到20亿年前仍存在岩浆活动，将以往月球样品限定的岩浆活动停止时间向后推了8亿—9亿年。

　　除了岩浆活动，"嫦娥五号"月壤样品研究也为我国科研人员"看清"太空风化作用机制提供了重要参考。中国科学院地质与地球物理研究所的研究团队，利用单颗粒样品操纵、扫描电镜形貌观察、聚焦离子束精细加工、透射电镜结构解析等一系列分析方法，获得了单个"嫦娥五号"月壤颗粒表面的硅酸盐、氧化物、磷酸盐和硫化物的太空风化作用信息。通过与来自月球低纬度地区的美国"阿波罗计划"月壤样品的分析结果进行对比,研究人员发现,"嫦娥五号"月球样品和"阿波罗"样品的表层微观结构特征没有表现出较大的差异。这能够帮助我们更好地认识月球中纬度的太空风化作用,也为月球遥感光谱校正模型在月球中纬度的适用性提供了支撑。

另外,中科院物理研究所的研究指出,这一次中国揭秘了"嫦娥五号"带回的月壤样品中的天然玻璃物质,又是首次发现的重大成果。通过对月壤中玻璃/非晶物质的形态、成分、微观结构和形成机制的分析,研究团队发现了多种类型、不同起源的月球玻璃物质,构建了月壤玻璃/非晶相的分类目录,并从玻璃形成的角度揭示了采样点月球表面的空间环境特征及其对月表物质的改造作用。同时,研究还指出,月球表面存在着固、液、气多种转变路径的玻璃起源……

截止目前,中国科学家的研究就已经涉及了这么多领域,而事实上,不眠不休的科研还在继续,新的成果必然会不断涌现。我们太期待那一次又一次惊艳世界的目光了!

为了开始的
结束

FLY

TO

THE

MOON

今天的科学神话，曾经的渺茫希望，古代与现代，希望与现实，在五号归来的绚烂的此刻，完成了神秘的时光重叠，也在四子王旗辽阔苍茫的阿木古郎草原上，诞生了今天科学之路上史诗般的中国神话！

是的，史诗般的科学历程，神话般的科学成就。这足以令每个中国人为之自豪、为之欢呼、为之泪目的中国探月！当然还有我——来自月球广寒宫的嫦娥仙子！

而我的穿越之行，以我听到的一声声神秘的呼唤开始，同样在四子王旗辽阔苍茫的阿木古郎草原上"嫦娥五号"的返航刹那，抵达了最为铭心刻骨的巅峰！

几千年前，我从地球上阴差阳错飞升到了遥远的月亮之上，几千年后，我从广寒宫因缘际会地穿越回 21 世纪的华夏祖国，我古老而年轻的故乡！神秘而神奇的机缘，让我想到了命运。是呵，命运，作为广寒宫的仙子，命运这样的字眼让我陌生又心动。此刻，已经彻底将自己融入今天时空的我，历经了整个探月工程的我，只想在心里说一声：我是中国人！

我已经彻底爱上了这个时空的一切，我将毫不犹豫地留下来，而我的愿望，就是在未来，和正在日夜兼程的、更为伟大的中国载人探月工程一起，回到那遥远而熟悉的月亮故乡！

1967 年联合国《外层空间条约》的核心含义有两条：第一，外太空是属于全人类的；第二，所有国家都应同意外太空的和平利用。在某种意义上，这是对探索太空的科技行为的一种人文规定，一种伦理规范。而真正实现太空非军事化，同彻底禁止和销毁核武器一样，有赖于全人类的共同努力，特别是技术领先国家的率先行动。中国积极参与和平利用太空的活动，在某种意义上增强了太空技术的均衡性，有利于人类空间活动的"和平"特征和"合作"特征，有利于建立普适性的太空非军事化国际秩序和规则体系。

　　如何对技术进行人文管理，使之成为造福人类的工具而不是毁灭人类的凶器，这是全人类面临的大难题，需要全人类以大智慧、大胸襟加以解决。这一过程尽管复杂、艰难而漫长，但中国将以人类大同的追求、和谐世界的理念，努力推动人类和平利用太空的伟大事业。

后　记

　　世上最神秘的事，莫过于人与物的因缘际会。

　　2020年夏，当叶梅会长把《奔月》的创作任务及相关情况讲给我听时，我的内心充满感激，感激老师对自己的信任与认可，同时心里弥漫着一种异样的情愫。我知道这是关于缘分的，自己与宇宙星空漫长遥远的不解之缘。

　　曾经在散文《另外的门》中，我忆起自幼便生出的对神秘星空的迷恋。北中国辽阔广袤的大地，家乡河岸的农家院门口，那几块大人们乘凉的石板，是我遥望目之所及的夜空最早的地盘。清幽夏夜，忙碌一天的大人和打闹累了的孩子都回屋了，静下来后的夜空星月格外明朗。没有理由，也不懂为什么，就一直仰头在看，星群无边，银河遥远，神迷目眩，醉于其中。那随着日历不断变换形状与色彩的月亮，每个时刻仿佛都充满诱惑，古老的神话在心中生根发芽，使得那些童年的夜空，似藏着某种全然无法抗拒的魔力。

　　岁月奔行，这魔力一路经年引着自己而来，直到与《奔月》重逢，就这样惊喜而尽情地投入宇宙与科学的浩瀚星空遨游。2020年是个特别的年份，疫魔肆虐，将人们的工作和生活一次次击碎，《奔月》的创作就在这样的背景中启程了。条件所限，初期和出版社的各种策划对接只能被迫通过线上或电话进行。

　　我们的创作宗旨很明确，就是以中国探月工程数十年的发展成就为内核，从"嫦娥奔月"的角度切入，深入浅出地讲述中国探月的不凡历程，普及与月球、人类探月、中国探月有关的一系列科学常识，建构一部中国探月工程独属的科普文本。从书稿定位、表达基调、内容选材、结构主线、语言风格，到文学

与科学的占比、资料借鉴与原创文字的合理衔接……所有环节都在殚精竭虑。我与《奔月》的责编老师一起探讨，共同参看浩如烟海的资料，选材、调整、打磨、推翻……重来……办公室、家里、地铁，上班、下班，时间和空间没有了界限，一切只为《奔月》的文本质量，更为向参与"嫦娥工程"的每一位航天英雄致敬。喜悦、失望、焦虑、希望，我们就在这样的循环历练中，经验着一本图书诞生的艰辛，也理解了"功夫不负有心人"的深刻内涵。

2024年春天，沐映着甲辰龙年的蠚蠚祥瑞，《奔月》终于完成了所有出版流程，即将付梓。这一刻悲欣交织。是对叶梅会长于自己的信任并亲自推荐的感恩，对欧阳自远院士肯定文本、给予修改意见并作序的感恩，对于博士沟通联络并提供资料和照片的感恩，对别必亮和徐宪江老师策划指导的感恩，对徐剑老师书写荐语的感恩，对责编王昌凤老师一路耐心暖心陪伴的感恩，对参与此书策划出版的每一位老师的深切感恩，点点滴滴，百感交集。

目前"嫦娥"又增加了"六、七、八"号分身：2023年5月29日，中国载人月球探测工程登月阶段任务已启动实施，计划在2030年前实现载人登月；2024年2月，中国载人月球探测任务新飞行器名称已确定，新一代载人飞船命名为"梦舟"，月面着陆器命名为"揽月"……

"梦舟""揽月"，如此荡气回肠，神秘瑰美。此刻，窗外弦月如玉，天幕深邃。这千万年来的平凡存在，于我而言已不再寻常，那里深藏着一部让人自幼仰望、如今让无数华夏儿女骄傲的宇宙深空史诗。

贺颖

2024年3月于北京